BDG Berufsverband der
Kommunikationsdesigner

Haltung
Wissen
Netzwerk

Jakob Maser

Das Bestiarium

Unternehmenstypen im Kommunikationsdesign

Werkstoff Verlag

„Das Bestiarium" von Jakob Maser entstand in Kooperation mit dem BDG Berufsverband der Deutschen Kommunikationsdesigner e. V.

Der BDG ist der erste deutsche Berufsverband für Kommunikationsdesigner und wurde im Jahr 1919 als „Bund der Deutschen Gebrauchsgraphiker" gegründet. Der BDG vertritt die Interessen der Designer und setzt sich für gutes Design sowie faire Marktbedingungen ein.

www.bdg-designer.de

© 2014 Werkstoff Verlag, Münster, 2014
Printed in Germany
Illustrationen von Frank Hoppmann,
www.frankhoppmann.de
Umschlaggestaltung unter Verwendung einer
Illustration von Vera Loheide-Becker
Gesetzt aus der OFL Sorts Mill Goudy
Auf Alster Werkdruckpapier gedruckt und gebunden
von Druckverlag Kettler GmbH, Bönen
ISBN 978-3-943513-02-8

www.werkstoff-verlag.de

Inhalt

———

Seht, die Kreaturen!

Zu einer Zeit, als die Landkarten noch weiße Flecken hatten, brachten mutige Entdecker die neue Welt von ihren Expeditionen mit nach Hause – allerdings nur in ihren Köpfen. Daher zeichneten sie die fremden Kreaturen und veröffentlichten ihre eigenen Erinnerungen als „Bestiarien der neuen Welt" (von lat. *bestia* = wildes Tier).

Die Welt des Kommunkationsdesigns ist für viele immer noch ein unbekanntes Gebiet – ihre bemerkenswerten, teils lustigen, teils skurrilen Bewohner nicht weniger. Was für Designer vollkommen üblich aussieht, ist für Unternehmer manchmal schwer nachvollziehbar und für Soziologen immer noch ein kleines Wunder.

Jakob Maser – leidenschaftlicher Designer mit langjähriger Erfahrung aus Agenturen und dem eigenem Büro – katalogisiert und beschreibt diese zwölf Lebewesen der fremden, bunten Designwelt. Er möchte nicht nur eine unbekannte Welt zeigen, er beleuchtet dabei auch, welche Stärken, Schwächen, Chancen und Risiken* ihre Bewohner haben. Gebeutelt von den Gerüchten darüber beschreibt er schließlich noch ein Wesen, von dem viele gehört haben, das aber leider bis heute in keine Fotofalle getappt ist.

Frank Hoppmann hat die Fauna der Designwelt mit hintergründigem Strich bebildert, damit der gewogene Leser sich ein Bild von dieser merkwürdig fremden aber ebenso liebenswerten Welt der Designer machen kann.

Christian Büning, Präsident des BDG, im März 2014

---

* Unternehmer kennen *Strengths, Weaknesses, Opportunities, Threats* als SWOT-Analyse

Vorwort

Die Zusammenarbeit zwischen Designern und ihren Auftraggebern ist nicht immer einfach – für beide Seiten. Die einen fühlen sich unverstanden, die anderen nicht genug wertgeschätzt. Designer wirken auf Auftraggeber mitunter recht fremdartig und exotisch. Die feinziselierten Differenzierungen im Kommunikationsdesign („Nur Corporate Design!") werden in der Praxis nur selten durchgehalten. Ihnen gegenüber stehen die wenig spezifischen Bedürfnisse der Auftraggeber („Irgendwas Kreatives") und der Wunsch, möglichst vieles aus einer Hand zu bekommen. So kommt es, dass die behaupteten Spezialisierungen meist nur Lippenbekenntnisse sind. Designbüros, Grafiker, Agenturen usw. – trotz der Vielzahl unterschiedlicher Bezeichnungen macht vielleicht nicht Jeder alles, aber sehr Viele äußerst viel. Es ist nicht leicht zu beurteilen, wer kreativer Überflieger ist und welcher schräge Vogel sich nur aufplustert. Dieses Buch soll zur Orientierung beitragen. Die Klassifizierung der 12½ Unternehmenstypen erfolgte rein subjektiv auf Basis eigener Erfahrungen sowie vieler Gespräche mit Menschen, die ebenfalls seit Jahren in der Branche aktiv sind. Ihnen allen gilt mein herzlicher Dank. Falls Ihnen in freier Wildbahn ein Designer begegnet, hilft dieses Buch vielleicht, diesen besser zu verstehen. Womöglich lernen Sie aber auch ganz neue Typen kennen und werden angeregt, tiefer in die bunte Welt des Design einzutauchen. Wenn Sie dabei weitere Arten entdecken und eigene Erfahrungen machen, freue ich mich auf Anregungen und Kritik. Und nun viel Spaß bei der Lektüre.

Jakob Maser

———

Das Designbüro

Der Begriff des Grafikdesigns tritt – ähnlich wie der verwandte Begriff der Werbung – ab Mitte des 19. Jahrhunderts auf. Zunächst in Deutschland meist als „Gebrauchsgrafik" bezeichnet, etabliert es sich vor allem durch das Bauhaus bald als eigenständige Disziplin. Der Beruf des Kommunikationsdesigners vereinigt heute in dieser Tradition technische, künstlerische und wirtschaftliche Aspekte. Das DESIGNBÜRO ist mit einer Mitarbeiterzahl zwischen zwei und zwanzig die klassische Arbeitsform von Designern. Das DESIGNBÜRO wird stark durch den oder die Inhaber – fast immer studierte Designer – geprägt. Der Firmenname besteht daher meist aus den Nachnamen. Eine ergänzende Firmierung zeigt den intellektuellen Habitus: „Studio", „Atelier", „Bureau" oder ähnlich hochtrabende Begriffe sollen darauf hinweisen, dass hier Wissensarbeiter am Werk sind. Denn das DESIGNBÜRO nimmt für sich in Anspruch, keinesfalls nur oberflächliches „Styling" zu betreiben, sondern verständnisfördernde Kommunikation zu gestalten.

Das DESIGNBÜRO liebt Gebäude mit „Charme": alte Villen oder Burgen, Lagerhäuser am Hafen oder ausgediente Industriebauten. Die Räume sind groß, sparsam möbliert und ohne Dekoration. Nichts soll hier die Konzentration stören. Die „klösterliche" Aura, die es deshalb manchmal verströmt, findet auch in der Lebens- und Arbeitsweise ihren Ausdruck. Seinen Beruf versteht das DESIGNBÜRO als Berufung und unterscheidet nicht groß zwischen Arbeit und Freizeit. Dennoch pflegt es einen strengen Rhythmus mit festen Ritualen – wie der feierlichen Zubereitung und dem andächtigen Genuss von grünem Tee.

Die typische Kleidung zeugt ebenfalls von einer gewissen Strenge: schwarze Rollkragenpullover oder dunkle

Hemden, schlichte Anzüge oder Kleider – natürlich alles aus besten Stoffen. Die Vorliebe für hochwertige Materialien und reduzierte Ästhetik zeigt sich auch bei Briefbogen und Visitenkarte – bestes Feinpapier und ausgefeilte Typografie, meist jedoch nur einfarbig bedruckt. Auch die Website ist klar gegliedert und mit Vorliebe weiß. Hier zeigt das DESIGNBÜRO vor allem Arbeitsbeispiele und legt in prägnanten Sätzen seine Gestaltungsphilosophie dar.

Das DESIGNBÜRO ist in der Regel eine Personen- und keine Kapitalgesellschaft – eine typische Unternehmensform ist die GbR. Seine Tätigkeit übt es meist freiberuflich und nicht als Gewerbe aus, da für Freiberufler unter anderem die Bilanzpflicht und die IHK-Mitgliedschaft entfallen. Deshalb beschränkt sich das DESIGNBÜRO auf die Entwurfsleistung. Gewerbliche Tätigkeiten, wie zum Beispiel Druck oder Programmierung, übernehmen Dritte, die ihre Rechnungen direkt an Sie als Auftraggeber stellen. Gerne übernimmt das DESIGNBÜRO aber für Sie die Kommunikation mit diesen Dienstleistern. Abgerechnet wird üblicherweise nach Stunden- oder Tagessätzen. Das DESIGNBÜRO versteht sich als Schöpfer im Sinne des Urheberrechts und berechnet neben dem Honorar *Nutzungsrechte*. Je größer das Verwendungsgebiet und je länger die Nutzungsdauer, desto höhere Lizenzgebühren fallen an. Bei einer Nutzung über den vereinbarten Rahmen hinaus fallen erneut Lizenzgebühren an. Somit geht das DESIGNBÜRO mit in das unternehmerische Risiko und partizipiert dafür am Erfolg des geschaffenen Werks.

Das Designbüro

Gute Gestaltung
Für das DESIGNBÜRO steht die Ästhetik und die Gestaltungsqualität im Mittelpunkt des Schaffens. Es wird versuchen, Ihre Kernbotschaft bestmöglich herauszuarbeiten, auf den Punkt zu bringen und mit viel Liebe zum Detail und ästhetischem Feingefühl umzusetzen.

Vielseitige Betrachtungsweise
Designer mit einer fundierten Ausbildung tendieren zu einer ganzheitlichen Betrachtungsweise. Sie verfügen über ein breites Wissensspektrum und eine gute Allgemeinbildung. Sie können sich meist schnell in ein Thema einarbeiten und darüber hinaus historische, philosophische und künstlerische Aspekte in ihre Arbeit einfließen lassen.

Design als Prozess
Das DESIGNBÜRO versteht Gestaltung meist als dialogischen Prozess. Als Auftraggeber werden Sie also mitarbeiten müssen, bekommen aber dafür weit mehr als nur „Zuckerguss". Durch den bewussten Gestaltungsprozess und die reflektierte Herangehensweise kann das DESIGNBÜRO herausragende Ergebnisse erzielen, die Ihr ganzes Unternehmen beeinflussen. Dies kann helfen den Blickwinkel Ihrer Kunden anzunehmen und so auch außerhalb des konkreten Projektauftrags zu neuen Impulsen, zum Beispiel neuen Produktideen, führen.

Detailverliebte Feingeister

Das Diktum, dass das Detail das Ganze prägt, gilt besonders für das Kommunikationsdesign. Jedoch können die Betrachtung kleinster Gestaltungsfinessen und mikrotypographische Einzelheiten den Entwurfsprozess erheblich in die Länge ziehen. Sie müssen damit rechnen, dass dem DESIGNBÜRO unter Umständen die „richtige" Typografie wichtiger ist als das Herausstellen von Produktvorteilen. Designer sind Feingeister und schnell verschreckt, wenn allzu plakativ und grobschlächtig vorgegangen werden soll. Versuchen Sie, das DESIGNBÜRO für Ihr Produkt zu begeistern und zeigen Sie Anerkennung für die Detailliebe.

In Schönheit sterben

Die Fokussierung auf Ästhetik kann dazu führen, dass die Lösung der eigentlichen Aufgabe in den Hintergrund gerät. Mit einem klaren Briefing schaffen Sie eine gute Grundlage dafür, damit das DESIGNBÜRO das Wesentliche nicht aus dem Auge verliert.

Schielen auf Auszeichnungen

Das DESIGNBÜRO vermarktet sich unter anderem durch errungene Auszeichnungen. Dementsprechend werden Aufträge auch mit Blick auf Wettbewerbe gestaltet. Dort gelten jedoch nicht unbedingt die gleichen Kriterien wie „in der Welt", bzw. in Ihrer Branche. Nutzen Sie die Motivation, die mögliche Auszeichnungen wecken und lassen Sie Gestaltungsspielräume zu.

Schönheit zieht mehr als zehn Ochsen
Das alte schottisches Sprichwort kann auch für Ihre Kommunikation gelten. Mit gut gestalteten Katalogen und Prospekten werden Sie mehr Aufmerksamkeit für Ihre Produkte erzielen. Wirklich herausragende Arbeiten können darüber hinaus durch Auszeichnungen, gewonnene Preise und mediales Echo zusätzlich weitere positive Effekte jenseits der urspünglich geplanten erzielen.

Ungewöhnliche Realisierungsideen
Das DESIGNBÜRO liebt das Besondere. Erlauben Sie ihm daher auch bei der Realisierung Ungewöhnliches: Ein etwas anderes Format, ungewöhnliches Papier und eine Veredelung – so hebt sich Ihre Broschüre schon auf den ersten Blick deutlich von den DIN-A4-Standardprospekten Ihrer Wettbewerber ab. Je größeren Spielraum Sie einräumen, desto ungewöhnlicher kann die Umsetzung werden.

Komplexität reduzieren
Das DESIGNBÜRO ist darauf trainiert, komplizierte Zusammenhänge zu erfassen und Komplexität zu reduzieren. Als Betriebsfremder und unbelastet von der internen „Politik" kann es Unstimmigkeiten und fehlende Konsistenz, zum Beispiel in Ihrem Produktportfolio, oft sehr schnell erkennen. Das DESIGNBÜRO kann Ihnen helfen, hier zu strukturieren und logisch nachvollziehbare Systeme zu schaffen.

RISIKEN

Große Linie statt „mal eben schnell"
Das DESIGNBÜRO liebt klare Linien und den großen Wurf.
Wer hier nur eine Broschüre oder Anzeige will, muss damit
rechnen, ein komplett neues Erscheinungsbild zu bekommen. Vor allem bei der ersten Zusammenarbeit sollte ein
Auftrag aber schon einen gewissen Mindestumfang haben,
damit das DESIGNBÜRO sich auf Sie und Ihre Wünsche einstellen kann.

Alleinvertretungsanspruch
Das DESIGNBÜRO würde am Liebsten alles von A bis Z selbst
gestalten. Das kann bei der Zusammenarbeit mit anderen
kreativen Dienstleistern zu Reibereien führen. Zum Beispiel wenn die INTERNET-AGENTUR es wagt – ohne Rück-
sprache! – mit Schatten und Verläufen zu arbeiten. Oder die
WERBEAGENTUR eine andere Schriftart als die Hausschrift
bei einer Anzeige verwendet. Das würde ja das einheitliche
Erscheinungsbild gefährden! Und viele Köche verderben
bekanntlich sowieso den Brei.

Wirtschaftliche Kompetenz
Viele Designausbildungsstätten leiten sich aus der Tradition der Werkkunstschulen ab – und manche sehen sich bis
heute so: handwerklich-künstlerisch. Das Thema „Wirt-
schaft" kommt in der Ausbildung meist nur sporadisch vor.
Und manche Designer fassen das Thema auch später nur
mit spitzen Fingern an – solide Kalkulationen und kaufmännisches Grundwissen können Sie leider nicht immer
voraussetzen.

———

Die Koryphäe

Wie in der Unterhaltungsindustrie gibt es auch im Kommunikationsdesign Stars, die durch spektakuläre Projekte Vorbilder für viele Designer und Studierende sind. Der Typus der KORYPHÄE tritt in den unterschiedlichsten Varianten auf. Allen gemeinsam ist das Vorhandensein eines prägnanten „Wiedererkennungsmerkmals" – seien es markante Brillenmodelle, auffallende Kleidung oder rote Schuhe. Die Haare trägt die männliche KORYPHÄE – wenn sie noch welche hat – gerne etwas länger, um ihren freien Geist zu betonen. Die weibliche KORYPHÄE mag es auf dem Kopf ebenfalls ausgefallen, gern auch asymmetrisch. Ihre Extravaganz unterstreicht sie mit betont buntem, geometrischem Schmuck.

Die KORYPHÄE ist ständig weltweit unterwegs zu Tagungen, Konferenzen oder wichtigen Kunden. Bei ihren Auftritten stellt die KORYPHÄE gern gewisse Marotten zur Schau, wie zum Beispiel eine demonstrative Zerstreutheit, gemäß dem Motto „Wo bin ich denn hier?... Na, dann erzähl' ich jetzt einfach mal was aus meinem Leben ..." oder das ständige Springen zwischen winzigen Details und der Weltformel. Der Beweis für das kreative Können der KORYPHÄE sind ihre Erfolge bei Designwettbewerben und die zahlreichen Publikationen. Auch das Büro ist ein Teil der Gesamtinszenierung und daher „extravagant" eingerichtet, auf jeden Fall ganz anders als ein normales Büro. Die jungen Mitarbeiter sind oft Jahrespraktikantinnen und -praktikanten, die glücklich sind, bei „ihrem" Star arbeiten zu dürfen. Für die KORYPHÄE hat das zum einen den Vorteil, dass Praktikanten kostengünstig sind und zum anderen, dass die eigene „Linie" nicht zu sehr durch andere selbstbewusste Köpfe verwässert wird. Denn die Auftraggeber wollen die KORYPHÄE ja gerade wegen ihrer typischen „Handschrift". Den Zugriff auf die jungen Talente sichert sich die KORYPHÄE durch eine Lehrtätigkeit. Diese unterstreicht als Nebeneffekt zusätzlich den hohen intellektuellen Anspruch. Dazu bietet eine Professur bei entsprechender Besoldung eine gewisse finanzielle Unabhängigkeit und damit die Chance, sich ausschließlich auf „spannende" Jobs zu konzentrieren. Denn die KORYPHÄE liebt Projekte mit der Möglichkeit, spektakuläre Dinge zu realisieren – und anschließend auf Konferenzen davon berichten zu können. Anfragen, die nicht zu diesem Profil passen – zum Beispiel weil der Auftraggeber ein langweiliges Produkt oder kein besonders gutes Images hat – mag sie weniger. Überhaupt nicht mag sie es, dauernd von Studierenden nach Praktikumsplätzen gefragt zu werden (Dafür gibt es doch die Website). Die Fragerei schmeichelt zwar der Eitelkeit der KORYPHÄE, gehört aber zu den lästigen Schattenseiten ihres Ruhms. Denn: Sich den guten Ruf zu erarbeiten und zu erhalten, ist keine leichte Aufgabe. Die ganzen Wettbewerbe kosten sehr viel Zeit und Geld. Tolle Projekte, die richtig gut bezahlt werden, sind rar und die Konkurrenz ist groß und schläft nicht.

Es braucht viel Talent, Hartnäckigkeit und eine ganze Menge Glück, es bis zur KORYPHÄE zu bringen. Diesen Weg erfolgreich zu gehen und dann dauerhaft „oben" zu bleiben, gelingt nur wenigen, wirklich außergewöhnlichen Persönlichkeiten.

Die Koryphäe

Profundes Wissen
Um überhaupt in den Status der KORYPHÄE aufzurücken braucht es – neben Haltung und Detailverliebtheit, siehe unten – vor allem einen Fundus an Fachwissen und Allgemeinbildung, der deutlich über das Normalmaß hinausgeht. Jederzeit zu (fast) jedem Thema etwas beitragen zu können, ist essentiell, um mit möglichen Auftraggebern ins Gespräch zu kommen und zu bleiben.

Klare Kante
Eine bewusste Haltung, nicht nur zu gestalterischen Fragen, ist ein entscheidender Faktor auf dem Weg zum Ruhm. Die KORYPHÄE wird ihre Meinung daher jederzeit dezidiert vertreten. Stellen Sie sich als Auftraggeber darauf ein, dass sich die KORYPHÄE viel weniger als Dienstleister sieht, als Sie es vielleicht gewöhnt sind oder wünschen.

Akribische Abwicklung
Ohne handwerklich perfekte Realisierung nützt die bestimmteste Haltung jedoch wenig. Die KORYPHÄE muss also – auch wenn sie inzwischen vieles machen lässt, statt selber zu machen – über gestalterisches, typografisches, kunsthistorisches und popkulturelles Wissen sowie solide Produktionskenntnisse verfügen und mit Argusaugen darüber wachen, dass alle Details stimmig sind. Denn sie weiß: Der Zauber steckt immer im Detail (Theodor Fontane).

Die Koryphäe

Ausgeprägter „Hausstil"
Die KORYPHÄE hat einen eigenen Stil, den sie ganz bewusst pflegt und herausstellt. Denn Wiedererkennbarkeit ist ein wesentliches Erfolgskriterium. Wenn Sie genau diesen Stil möchten – kein Problem. Eine gänzlich andere Ästhetik oder Gestaltung nach dem Motto „Design ist unsichtbar" sollten Sie jedoch nicht erwarten. Versuchen Sie, sich bereits vor der Beauftragung einen Eindruck der stilistischen Bandbreite zu verschaffen. Arbeitsbeispiele auf der Homepage oder in Publikationen vermitteln in der Regel einen guten Einblick.

Schwierige Kommunikation
Die KORYPHÄE vereint umfangreiches Wissen (siehe links) und unternehmerischen Elan. Das macht es manchmal schwer für andere ihr zu folgen. Gerade schwebt sie weit oben und bezieht sich auf die gesamte Geschichte des Abendlands, um sich kurz darauf ausführlichst zu Details zu äußern (natürlich unter Aufbringung unzähliger Fachwörter). Haben Sie Geduld und Vertrauen. Sie müssen nicht immer alles verstehen.

Der Name muss bezahlt werden
Die KORYPHÄE hat viele laufende Kosten, dazu kommen Wettbewerbe, Reisen und gestalterische Experimente. Und sie muss anders kalkulieren als jemand, der über laufende Kundenbetreuung für regelmäßiges „Grundrauschen" sorgen kann. Die KORYPHÄE muss sich ihre wenigen, ausgesuchten Projekte also gut bezahlen lassen. Von Ihnen.

Die Koryphäe

Autorität und Ruf

Mit der Beauftragung der KORYPHÄE signalisieren Sie Ihren eigenen Anspruch. Die KORYPHÄE kann ihre Entwürfe in der Regel sehr gut „verkaufen". Sie findet die passenden Argumente, um neue Ideen sowie hohe Qualität der Geschäftsführung und den Gremien Ihres Unternehmens überzeugend zu vermitteln.

Impulse durch eine Lehrtätigkeit

Die KORYPHÄE liebt die Nähe zu Hochschulen, sei es durch Vorträge oder Lehraufträge, am liebsten aber durch eine Professur. Der Austausch mit jungen Leuten und ihren Ansichten hält frisch und schärft den Blick für Moden und Trends. Die Bewertung unterschiedlicher Ansätze vertieft die Fähigkeit, über Gestaltung zu kommunizieren und Lösungen hinterfragen zu können. Und nicht zuletzt findet sie hier die junge Talente, die sich als Arbeitskräfte rekrutieren lassen und neue Ideen einbringen können.

Prominenz färbt ab

Bereits die Ankündigung der Zusammenarbeit mit einer – unter Umständen sogar über die Branche hinaus bekannten – KORYPHÄE kann für Aufmerksamkeit sorgen und so zu einem positiveren Image für Ihr Unternehmen beitragen. Allerdings sollte Ihr bisheriger Auftritt bereits eine gewisse Designaffinität von Seiten Ihres Unternehmens erkennen lassen, damit dieser Schritt glaubwürdig ist und nicht nur als plumpe Marketingaktion wahrgenommen wird.

Die Koryphäe

Theorie und Praxis
Nicht immer passen die Ideen und Vorstellungen der KORYPHÄE mit der Realität zusammen. Produktionstechnik, Material, Termine, Juristisches und und und ... vieles kann die schönen Ansätze unsanft auf den Boden der Tatsachen zurückholen. Bereiten Sie die KORYPHÄE rechtzeitig auf Ihre Wünsche und die Rahmenbedingungen durch ein exaktes Briefing vor.

Inszenierungswut
Die KORYPHÄE liebt die große Geste und steht gerne im Mittelpunkt. Ihr Projekt ist dabei unter Umständen nur Mittel zum Zweck der Selbstdarstellung. Sie können davon profitieren, wenn Sie sich rechtzeitig darauf einstellen. Falls Sie es lieber eine Nummer zurückhaltender wollen, äußern Sie dies lautstark. Und mehrmals.

Die beste, nicht die günstigste Lösung
Gutes Design kostet. Auch in der Umsetzung. Es ist richtig, dass erstklassiges Papier, Veredelungen und besondere Produktionsmethoden zu herausragenden Ergebnissen führen können – leider auch bei den Kosten. Der KORYPHÄE wird es immer in erster Linie um ein erstklassiges und einzigartiges Ergebnis gehen. Hier die richtige Balance zu finden, ohne die Gestaltung kaputtzusparen, erfordert Fingerspitzengefühl und Verhandlungsgeschick.

Der Jungspund

Jeder fängt mal klein an, auch Kommunikationsdesigner. Der JUNGSPUND (den es natürlich auch in weiblicher Form gibt) studiert oder ist gerade mit dem Studium fertig geworden. Da er schon erste Projekte gemacht hat, sieht er sich als fertig ausgebildeter Designer. Jetzt möchte er gerne „richtig geilen Scheiß" machen – hip und trendy wie er selbst. Dabei ist vor allem das Feedback der eigenen *Peer group* wichtig – anderen Designern und Szene-Leuten. Denen werden die neuesten Werke auch gleich auf den ganzen coolen Designer-Internet-Plattformen oder auf dem eigenen Blog gezeigt. Der JUNGSPUND möchte später in einem renommierten DESIGNBÜRO arbeiten oder selbst zur KORYPHÄE werden. Äußerlich erkennt man ihn an der Vorliebe für bunte Turnschuhe und lustige Kopfbedeckungen. Zur Fortbewegung nutzt der JUNGSPUND in der Regel das Fahrrad – zum einen schont es den studentischen Geldbeutel, zum anderen passt es zum gesundheitsbewussten und ökologisch angehauchten Lebensstil.

Man findet den JUNGSPUND vor allem in den Szene-Vierteln größerer Städte. Obwohl er eigentlich Einzelgänger ist, lebt er häufig in Bürogemeinschaften oder *Coworking-Spaces*, gerne auch mit anderen Kreativen wie Architekten, Fotografen oder Galeristen. Viel Platz zu haben ist wichtiger als eine „gute Adresse". Seine Büroeinrichtung ist improvisiert, aber stilsicher: Second-Hand-Designmöbel, Sperrmüllfunde und Selbstgezimmertes. Die Wände sind mit Siebdrucken befreundeter Künstler oder mit Graffiti dekoriert. Da der JUNGSPUND vor allem nachts aktiv ist, trifft man ihn meist erst mittags im Büro an. Bagels, Smoothies und jede Menge Kaffee (natürlich fair und bio) helfen ihm, abends dafür länger zu arbeiten.

Der Jungspund

Der JUNGSPUND macht gerne „coole" Dinge wie Schall-
plattencover, Kunstkataloge oder irgendetwas mit Mode.
Nicht so gerne macht er Allerweltsdesign wie Werbeflyer
oder Anzeigen für Unternehmen (es sei denn, sie sind in der
Mode- oder Musikbranche tätig). Design ist für den JUNG-
SPUND Berufung. Und da er sowieso immer online ist, sind
die Grenzen zwischen Arbeit und Freizeit fließend. Weniger
fließend ist leider das Einkommen des JUNGSPUNDS. Neben
der Schwierigkeit, den eigenen Anspruch mit den eigenen
Möglichkeiten sowie dem Zeit- und Kostenrahmen eines
Auftrags in Einklang zu bringen, ist die fehlende kaufmän-
nische Ausbildung für den JUNGSPUND ein Problem. Um
ein gewisses „Grundrauschen" für Miete und Essen herein-
zubekommen, ist er daher zusätzlich als Freelancer oder in
der Gastronomie tätig.

Wichtig für Sie als Auftraggeber:
Bei sämtlichen kreativen Dienstleistungen fällt grundsätz-
lich zusätzlich zum Honorar eine Abgabe an die *Künstlersozialkasse* an. Auch dann, wenn der JUNGSPUND davon
noch nie gehört hat. Die Abgabepflicht gilt immer, unabhängig davon ob der Auftragnehmer selbst Mitglied der
Künstlersozialkasse ist. Bei Einzelpersonen oder Personen-
gesellschaften wie zum Beispiel GbRs müssen Sie als Auftraggeber die KSK-Abgabe zahlen. Bei Kapitalgesellschaften
wie GmbHs fällt ebenfalls die KSK-Abgabe an. Sie wird hier
jedoch von der Kapitalgesellschaft abgeführt und Ihnen
durch höhere Stundensätze weiterberechnet.

Der Jungspund

Experimentierfreudig

Der JUNGSPUND ist technisch *up-to-date*. Er kennt sich aus mit Internet-Technologien und spielt gerne mit den Möglichkeiten der neuesten Software. Das Ergebnis ist dabei nicht immer planbar, bietet aber die Chance auf spannende Experimente und überraschende Lösungen.

Trendsicher

Der JUNGSPUND besitzt meist bereits einen ausgeprägten Blick für angesagte Farben, Schriften und die aktuelle Bildsprache. Er würde gerne in New York oder Singapur leben und orientiert sich daher an der internationalen Avantgarde. Er verfolgt die aktuellen Gestaltungstrends und Moden. Das kann sich besonders bei der Ansprache junger und stilbewusster Zielgruppen auszahlen.

Günstig

Der JUNGSPUND ist meist (noch) ohne großen Kostenapparat unterwegs. Das Büro ist günstig, die Versicherungsbeiträge sind noch niedrig und die Altersvorsorge wird ignoriert. Deswegen können Sie hier kreative Leistung manchmal sehr günstig bekommen – vor allem, wenn Sie eine „spannende" Aufgabe oder ein „cooles" Produkt haben und Ihre Erwartungen beim Briefing gut formulieren können. Ob die Arbeit am Ende jedoch wirklich ihren Preis wert ist, wird erst das Ergebnis zeigen.

Der Jungspund

Fehlendes Wissen und Erwahrung

Mit den Gepflogenheiten und Gesetzen in der Branche des Auftraggebers ist der JUNGSPUND normalerweise wenig vertraut. Bei der Konzeption sollten Sie Ihre Erwartungen daher nicht zu hoch ansetzen. Ihre Situation richtig zu analysieren und daraus geeignete Kommunikationsstrategien abzuleiten erfordert meist mehr Erfahrung als sie der JUNGSPUND mitbringen kann. Ebenso kann sich die Unerfahrenheit bei der Wahl der visuellen Ausdrucksmittel bemerkbar machen. Planen Sie mehr Zeit und Vorbereitung als üblich für ein gründliches *Briefing* und Re-Briefing ein, um Missverständnissen und Fehleinschätzungen vorzubeugen.

Unsichere Kalkulation

Da in der Designausbildung Kaufmännisches und Projektmanagement kaum eine Rolle spielen, schätzt der JUNGSPUND Zeit und Kosten oft nach dem Motto „Pi mal Augenmaß". Das kann auch mal kräftig daneben gehen. Planen Sie großzügige Puffer ein – sowohl bei Terminen wie in finanzieller Hinsicht.

Einseitigkeit

Der JUNGSPUND kann sehr anfällig für Designmoden sein und muss die eigene gestalterische Handschrift erst noch entwickeln. Bringen Sie daher zum Briefing-Gespräch viele Beispiele mit, die Sie als passend und angemessen gestaltet empfinden, um die von Ihnen gewünschte Richtung anschaulich zu verdeutlichen.

Der Jungspund

Hohe Motivation
Wenn Sie dem JUNGSPUND die Chance geben, etwas „Richtiges" zu realisieren, das dann auch noch „vorzeigbar" ist, kann dabei Überdurchschnittliches entstehen. Denn der JUNGSPUND ist heiß darauf, sein noch überschaubares Portfolio durch „echte" Aufträge zu erweitern, und wird sich daher hochmotiviert an die Arbeit machen.

Frischer Wind
Voller Elan und unbelastet von Traditionen und Gewohnheiten Ihrer Branche macht sich der JUNGSPUND ans Werk. Dabei entstehen beinahe zwangsläufig Ideen und Entwürfe, die frisch und unverbraucht sind (zumindest für Ihre Branche, siehe „Trendsicher" und „Einseitigkeit"). So kann der JUNGSPUND helfen, Impulse in Ihrem Unternehmen zu setzen und neue Zielgruppen anzusprechen.

Neue Ideen
Der noch unverstellte Blick von außen kann auch abseits der eigentlichen Gestaltungsaufgabe zu neuen Impulsen und Innovationen führen. Der JUNGSPUND kann (meist unbeabsichtigt) Dinge hinterfragen, die in Ihrem Unternehmen oder Ihrer Branche als völlig selbstverständlich angesehen werden. So kann er dabei helfen, Gewohntes kritisch zu durchleuchten. Wenn Sie als Auftraggeber bereit sind, sich auf neue Ideen einzulassen, kann der JUNGSPUND wie eine Frischzellenkur wirken.

Der Jungspund

Probleme bei der Produktion
Mangelnde Erfahrung in Kombination mit Experimentierfreudigkeit kann zu überraschenden Ergebnissen führen – positiven wie negativen. Investieren Sie daher lieber in einen „Profi-Datencheck" durch die Druckerei. Auch ein *Proof* kann unangenehme Überraschungen vermeiden.

Rechtliche Risiken
Am Anfang der beruflichen Laufbahn ist das Bewusstsein für juristische Probleme meist noch nicht besonders ausgeprägt. Fragen Sie nach, ob zum Beispiel Schriftarten und Bilder korrekt lizenziert sind. Und wenn Sie selber Fotos erstellen lassen wollen: Hier gibt es ebenfalls rechtliche Fallstricke wie das Persönlichkeitsrecht und das Markenrecht zu beachten!

Langfristige Perspektive?
Die hohe Bereitschaft zur Selbstausbeutung kann schnell zu einer für den JUNGSPUND prekären Einkommenssituationen führen. Helfen Sie dem JUNGSPUND, beruflich Fuß zu fassen. Zahlen Sie angemessen und empfehlen Sie ihn weiter, wenn eine langfristige Zusammenarbeit Ihr Ziel ist.

———

Die One-Man-Show

Die ONE-MAN-SHOW (natürlich ebenso als ONE-WOMAN-SHOW anzutreffen) ist Einzelkämpfer – und auch bekannt als „Hans-Dampf-in-allen-Gassen". Oft ist sie als JUNG-SPUND oder Angestellte in einem DESIGNBÜRO gestartet und schon seit einiger Zeit im Geschäft. Sie fühlt sich in der Rolle des unabhängigen kreativen Tausendsassas sehr wohl, und zieht die Selbstständigkeit der Karriere in einer Agentur oder einem Unternehmen vor. Denn heutzutage braucht es wenig mehr als einen Rechner, ein bisschen Software und ein Telefon um Designleistungen anzubieten.

Die Büroräume der ONE-MAN-SHOW finden sich im 1. Stock eines Geschäftshauses in der Innenstadt (da ist man schnell beim Kaffeeladen oder Italiener um die Ecke) oder im eigenen Einfamilien- oder Reihenhaus im Vorort (das hält die Kosten niedrig und man kann zwischendurch nach den Kindern sehen oder mit dem Hund raus). Aber auch Bürogemeinschaften oder „Kollektiven" steht die ONE-MAN-SHOW aufgeschlossen gegenüber. Da ist sie ganz pragmatisch, genauso wie bei der Kleidung: Jeans, kariertes Hemd, bequeme Schuhe – praktisch und hinreichend seriös. Zur Not wird schnell noch ein Sakko übergeworfen.

Die ONE-MAN-SHOW setzt auf vertrauensvolle, langjährige Zusammenarbeit mit Auftraggebern und Lieferanten. Sie ist regional orientiert und hier bestens vernetzt. Neben prima Kontakten zu verschiedenen Dienstleistern bestehen meist auch vielfältige Kontakte zu anderen Kreativen. So braucht sich die ONE-MAN-SHOW vor kaum einer Anfrage zu fürchten. Durch das gute Netzwerk ist sie erstaunlich leistungsfähig. Denn sie weiß, was die meisten ihrer Auftraggeber wünschen: „Full-Service" – den die ONE-MAN-SHOW aber natürlich nie so nennen würde. Sie spricht eher von einem „Rundum-sorglos-Paket". Die Außendarstellung spielt für die ONE-MAN-SHOW nur eine untergeordnete Rolle. Wenn es überhaupt eine Website gibt, ist diese oft veraltet – Kundenjobs gehen vor – und spiegelt nur unzureichend die Leistungsvielfalt und zahlreichen Referenzen wider. Aber das bereitet der ONE-MAN-SHOW keine schlaflosen Nächte. Die meisten Neukunden kommen aufgrund von Empfehlungen. Und auf die konnte sich die ONE-MAN-SHOW bisher noch immer verlassen.

Neben der Arbeit für ihre Kunden pflegt die ONE-MAN-SHOW ihre künstlerische Ader durch ein Hobby. Sie malt, fotografiert, musiziert oder bastelt Dekorationsgegenstände und individuelle Drucksachen – gerne unter Verwendung historischer Drucktechniken. Manchmal ergänzt diese Tätigkeit sogar das eigentliche Hauptgeschäft als kleiner Nebenerwerb. Denn durch Handelsplattformen im Internet lässt sich liebevoll Selbstgemachtes und -gestaltetes heutzutage leicht an den Mann oder die Frau bringen. Dabei bleibt es jedoch meist bei kleinen Stückzahlen und nur selten entwickelt sich daraus ein echtes zweites Standbein.

Die One-Man-Show

Überblick und Erfahrung

Die ONE-MAN-SHOW bietet ein breites Spektrum an Erfahrungswissen und einen guten Überblick, da sie selten auf eine Branche oder ein Medium beschränkt ist. *Crossmediales* Denken ist hier selbstverständlich, auch wenn sie diesen Begriff hier kaum gebrauchen wird. Überhaupt werden Sie bei der ONE-MAN-SHOW selten mit *Buzz-Words* konfrontiert, Klartext ist angesagt.

Solide Qualitätsarbeit

Die Erfahrung und das handwerkliche Ethos der ONE-MAN-SHOW spiegelt sich in der Wahl der gestalterischen Mittel: bewährte Lösungen statt hipper Designtrends. Die ONE-MAN-SHOW ist effizient und gut organisiert. Und die starke regionale Vernetzung sorgt für verlässliche Abläufe und faire Preise bei der Produktion.

Fokus auf langfristige Kundenbeziehungen

Die ONE-MAN-SHOW lebt von Empfehlungen in der Region. Daher ist sie an einer langfristigen und für beide Seiten gewinnbringenden Zusammenarbeit interessiert. Die ONE-MAN-SHOW sieht sich und ihre Arbeit pragmatisch, Probleme werden daher unaufgeregt und einvernehmlich gelöst. Denn zickiges Verhalten, Unfreundlichkeit und schlechter Service würden sich schnell herumsprechen.

Die One-Man-Show

Design nach Schema F

Als selbstständiger Einzelkämpfer ist die ONE-MAN-SHOW gezwungen, sehr effizient zu sein, um kostendeckend zu arbeiten. Das kann dann schon mal zu einer „Schere im Kopf" und „reicht so" führen statt zu kreativen und außergewöhnlichen Lösungen. Weisen Sie also besonders darauf hin, wenn Sie bei einer Aufgabe etwas deutlich Ausgefalleneres wünschen.

Abwartend

Bei den technischen Entwicklungen verhält die ONE-MAN-SHOW sich eher abwartend. Jedes neue Programm erfordert hohen Zeitaufwand, um sich darin einzuarbeiten. Wer also die allerneueste „Technik-Spielerei" möchte, ist hier vielleicht nicht richtig. In der Regel profitieren Sie jedoch von der vorsichtigen und realistischen Einschätzung.

Generalist statt Spezialist

Gemäß dem alten Sprichwort „Wer alles kann, kann nichts richtig" bietet die ONE-MAN-SHOW vor allem solides Handwerk. Überdurchschnittliches sollten Sie hier nicht unbedingt erwarten. Selbst wenn die ONE-MAN-SHOW oft ein „Steckenpferd" hat, ist sie eher Generalist als Spezialist. Durch ein gutes Netzwerk kann sie dies aber teilweise wieder wettmachen.

CHANCEN

A-Kunde trotz kleinem Budget
Als Auftraggeber können Sie bei der ONE-MAN-SHOW bereits mit einem vergleichsweise geringen Auftragsvolumen „A-Kunde" sein. Sie profitieren von einem echten Interesse an Ihrem Unternehmen und Ihren Produkten sowie schnellen Reaktionszeiten und erstklassigem Service.

Gemeinsamer Erfolg
Die ONE-MAN-SHOW versteht sich als Sparringspartner für ein breites Spektrum an Dienstleistungen. Da die ONE-MAN-SHOW ebenfalls unternehmerisch tätig ist, steht sie Ihnen gerne beratend zur Seite. Dabei hat sie vorrangig den gemeinsamen Erfolg und eine lange Kundenbeziehung im Blick; weniger das kurzfristige Abgreifen von Budgets oder das Verkaufen fragwürdiger Maßnahmen.

Immer einen passenden Kontakt
Als geborene Netzwerkerin kennt die ONE-MAN-SHOW „Hinz und Kunz". Für jede noch so abseitige Idee fällt ihr nach kurzem Überlegen ein, dass es da den oder die gibt, der bestimmt weiterhelfen kann – oder jemanden kennt, der das kann. Dieses Empfehlungsnetzwerk ist erstaunlich umfangreich und leistungsfähig. Und in der Regel können Sie sich auf die Qualität der Empfehlung auch verlassen.

Die One-Man-Show

Keine Experimente

Die ONE-MAN-SHOW geht gern auf „Nummer sicher": bei der Gestaltung, aber auch bei der Wahl ihrer Dienstleister vertraut sie auf Bewährtes und Empfehlungen. Das mindert das Risiko unangenehmer Überraschungen, bedeutet aber auch, dass nicht der billigste, sondern der verlässlichste Anbieter bevorzugt wird – was ja nicht das Schlechteste sein muss, wenn Ihnen Qualität wichtiger als der Preis ist.

Tücken des Projektgeschäfts

Die ONE-MAN-SHOW hat immer mit den Tücken des Projektgeschäfts zu kämpfen: Phasen von Überlastung wechseln sich mit finanziellen Engpässen ab. Da kann im Eifer des Gefechts schon mal was schiefgehen. Vorausschauende Planung und gute Absprachen können dem vorbeugen.

Ausfall durch Krankheit etc.

Bei einer Einzelperson hängt Ihr Auftrag von deren individueller Leistungsfähigkeit ab. Krankheit, Überarbeitung oder (vermeintlich) wichtigere Projekte können den Einsatz für Ihr Projekt bedrohen. Hier hilft frühzeitige Planung und Absprache. Bedenken Sie bevor Sie sich große Sorgen machen: Auch bei größeren Unternehmen hängt die Arbeit meist von nur wenigen oder gar einer einzigen Person entscheidend ab.

———

Die kleine Werbeagentur

Die Anfänge der Werbung liegen im 19. Jahrhundert. Als „Reklame" startet sie während der industriellen Revolution und der damit verbundenen Massenproduktion. Von Beginn an sieht sich die Werbung Kritik ausgesetzt: Bis heute wird gerne ein unbekannter Autor zitiert: „Werbung ist der Versuch, Leuten Geld aus der Tasche zu ziehen, das sie nicht haben, damit sie Sachen kaufen, die sie nicht brauchen, um Leuten zu gefallen, die sie nicht mögen." Insbesondere Designer tendieren dazu, Werber als die „dunkle Seite der Macht" zu sehen: Design habe den Anspruch „verständnisfördernd" zu sein, während Werbung schlicht „verkaufsfördernd" wirke. Aus Sicht von Auftraggebern ist die Schnittmenge zwischen beiden Disziplinen ziemlich groß, so dass sich in der Praxis DESIGNBÜROS und WERBEAGENTUREN durchaus mit den selben Aufgabenstellungen beschäftigen.

Der Typus der KLEINEN WERBEAGENTUR konzentriert sich auf regionale mittelständische Auftraggeber und deren Bedürfnisse. Ihr Firmensitz ist ein Zweckbau im Gewerbegebiet oder eine ganz normale Büroetage. Das hat für Sie als Auftraggeber den Vorteil, dass Sie mit dem Auto direkt vorfahren können. Bereits von Weitem ist das Gebäude dank großflächiger Drucke, Flaggen oder Leuchtreklame als „kreativer Hotspot" erkennbar. Dagegen ist es innen eher pragmatisch-praktisch eingerichtet, aber mit phantasievollen Akzenten, wie zum Beispiel einer Empfangstheke oder Sitzecke in Form des Firmenlogos. Das Firmenlogo – gerne was mit Tieren oder einer Dynamik signalisierenden Form – findet sich auch an anderen Stellen, zum Beispiel auf Handtüchern oder als Muster im Teppichboden. Ebenso ideenreich ist der mediale Auftritt: Bunte Bilder, lustige Teamfotos und knallige Farben prägen die Website, die Firmenbroschüre und den *Social-Media*-Auftritt. Dort werden neben Bildwitzen vor allem Agentur-Interna gepostet, die zeigen, dass bei der Arbeit hier der Spaß im Vordergrund steht. Die sieben bis 50 Mitarbeiter – inklusive des Agenturhunds als „Sicherheitsbeauftragtem" – sind eine bunte und kreative Truppe. Dabei bleibt sie jedoch stets bodenständig, zum Beispiel in Ernährungsfragen. Im Gegensatz zu diesen ganzen „Hipstern" aus der Großstadt i(s)st man weniger extravagant. Denn die Auswahl im Gewerbegebiet ist beschränkt. Currywurst und Jägerschnitzel sind hier „voll OK".

Traditionell wurde die WERBEAGENTUR für ihre Arbeit nicht durch den Werbekunden bezahlt, sondern erhielt von Verlagen und Sendern für die Vermittlung und Lieferung fertiger Anzeigen und Spots die sogenannte *AE-Provision*. Der Begriff steht für *Annoncen-Expedition* und stammt noch aus der Entstehungszeit der Werbung im 19. Jahrhundert. Die Veränderungen innerhalb der Verlags- und Werbebranche haben jedoch dazu geführt, dass neben diesem Modell auch die direkte Rechnungstellung an den Werbekunden üblich geworden ist. Doch manchmal verwaltet die WERBEAGENTUR noch immer das gesamte Werbebudget ihres Auftraggebers – den sogenannten *Etat*. Sie übernimmt dann auch den Mediaeinkauf, das Buchen von Anzeigenplätze in Magazinen und Zeitungen, Sendezeiten in Kino, Radio und Fernsehen, Online-Werbung oder Plakaten. Diese Kosten sind oft sehr hoch, was die beeindruckend hohen *Billings* erklärt, mit der besonders die KLEINE WERBEAGENTUR ihre große Bedeutung zeigt.

Die kleine Werbeagentur

Volles Orgelspiel

Werbung misst sich am Erfolg. Und erfolgreich kann nur sein, wer auffällt. Der KLEINEN WERBEAGENTUR ist daher fast jedes Mittel recht, um Aufmerksamkeit zu erzielen: Knallige Farben, dynamische Formen und markante Schriftarten sorgen für Interesse an Ihrem Produkt. Dazu kommen emotionale Fotos und die – bei Designern verhassten – _Störer_. Aber die sind manchmal eben doch durchaus ein geeignetes Mittel, um das Augenmerk auf bestimmte Informationen zu lenken.

Pragmatische Herangehensweise

Das gängige Klischee des exaltierten Werbers mit exzessivem Lebenswandel finden Sie bei der KLEINEN WERBEAGENTUR eher selten. Die meisten Menschen hier sind bodenständig. Natürlich lässt auch die KLEINE WERBEAGENTUR ihr Kreativsein manchmal etwas penetrant heraushängen. Und sie ist auch durchaus anfällig für _Hypes_ und _Buzz-Words_. Völlig abgehobene Theorien und abstrakte Methoden brauchen Sie hier aber nicht zu befürchten.

Wirtschaftskompetenz

In der KLEINEN WERBEAGENTUR arbeiten Kaufleute. Eine solide Planung und Kalkulation sowie eine ausgeprägte Dienstleistungs- und Servicedenke wird ihnen bereits während der Ausbildung gründlich vermittelt. Und da man sich in der Region häufig über den Weg läuft, zählt hier tatsächlich oft noch der Handschlag des „ehrbaren Kaufmanns".

Die kleine Werbeagentur

Stumpf ist Trumpf

Feinsinnige Ästhetik und Zurückhaltung sind nicht die Sache der KLEINEN WERBEAGENTUR. Getreu dem Motto „Viel hilft viel" wird geklotzt und nicht gekleckert. Doch nicht jede Zielgruppe spricht auf eine marktschreierische Ansprache an. Klären Sie deutlich, wie viel „Lautstärke" Sie aus Ihrer Sicht für Ihre Kunden für angemessen halten.

Überbordende Begeisterung

Da die KLEINE WERBEAGENTUR Gestaltung vor allem unter dem Aspekt des Aufmerksamkeitswerts betrachtet, kommen andere Aspekte wie Didaktik und Verständlichkeit manchmal etwas zu kurz. Die Begeisterungsfähigkeit für Neues ist riesengroß – denn was neu ist, fällt auf – und wird nur selten kritisch hinterfragt. Seien Sie skeptisch, wenn Ihnen neue Medien oder Produkte in den höchsten Tönen als bahnbrechende Erfolgsidee schmackhaft gemacht werden.

Kurzfristiger Fokus

Die KLEINE WERBEAGENTUR orientiert sich vor allem am unmittelbaren Erfolg der Werbemaßnahmen. Diese Kurzfristigkeit kann einem langfristigen und nachhaltigen Markenaufbau entgegenstehen. Zugunsten einer schlagkräftigen Kampagne können hier Konsistenz und Klarheit einer Marke schon mal etwas ins Hintertreffen geraten – ein Nachteil besonders für hochwertige Produkte oder Dienstleistungen.

Die kleine Werbeagentur

Regionales Netzwerk

Die KLEINE WERBEAGENTUR ist in der Region gut vernetzt: sowohl mit Verlagen, Sendern und Lieferanten, als auch mit anderen Unternehmen. Die Erfahrungen und Kontakte aus diesem Netzwerk stellen eine solide Basis für die Einschätzung von Märkten und Möglichkeiten dar. Und sie bieten darüber hinaus für Sie die Chance, selbst Kontakte zu knüpfen und Ihr eigenes Netzwerk zu erweitern.

Ideen, auch für Produkte

Kleine Geschenke erhalten die Freundschaft. Das gilt auch für Unternehmen. Die Anzahl an Werbeartikeln und *Giveaways* nimmt ständig zu, die entsprechenden Fachmessen füllen ganze Hallen. Die KLEINE WERBEAGENTUR hat einen guten Überblick über die Neuheiten auf dem Markt, weiß was sie kosten und kann einschätzen, was zu Ihrem Unternehmen passt.

Gemeinsame Ebene

Hier spricht man Ihre Sprache. Ihre spezifischen Sorgen und Nöte als Unternehmer werden hier verstanden, denn die KLEINE WERBEAGENTUR ist selbst ein gewerbliches Unternehmen – anders als die meist freiberuflich tätigen Designer.

Ideen vor Struktur

Die KLEINE WERBEAGENTUR konzentriert ihre Kreativität auf Ideen. Je ungewöhnlicher desto besser. Weniger im Blickfeld sind bei ihr die Prozesse, inneren Zusammenhänge und systemischen Strukturen des Auftraggebers. Es kann ihr schwerfallen, das „große Ganze" im Blick zu halten und sich nicht zu stark auf Einzelprodukte und -aktionen zu fokussieren.

Mangelnder Enthusiasmus

Wie bei anderen größeren Kreativdienstleistern kann auch in der KLEINEN WERBEAGENTUR der Enthusiasmus für Ihr Produkt bei den – meist mäßig bezahlten – Angestellten ziemlich gering sein. Das Mitdenken und Hinterfragen wird nicht unbedingt großgeschrieben. Nehmen Sie sich die Zeit, um sich und Ihr Produkt auch den Mitarbeitern der Agentur vorzustellen.

Verkaufsorientierung

Agenturen leb(t)en vom Verkauf von Werbemaßnahmen – dementsprechend genau sollten Sie auf Wirksamkeit und Zielrichtung achten. Das gilt besonders für „heiße" *Below-the-Line*-Aktionen. Denn auch wenn *Viral Marketing* schon mal für eine Marke in den USA funktioniert hat, bedeutet das nicht automatisch, dass es für Ihr Produkt in der Region das Gleiche leisten kann.

Die große Werbeagentur

Die große Werbeagentur

Die GROSSE WERBEAGENTUR macht „große" – also natio-
nale oder internationale – Kampagnen, vor allem für Mar-
kenprodukte. Gleichwohl reagiert sie allergisch, wenn sie
nur auf das „Verkaufen" reduziert wird. Denn Markenkom-
munikation – und als das versteht sie ihre Leistung – umfasst
viel mehr als Werbung. Die GROSSE WERBEAGENTUR ist in
der Regel Teil eines internationalen Netzwerks oder Firmen-
verbunds. Ihre oft weit zurückreichende Geschichte spiegelt
sich im kryptischen Firmennamen wider: Abkürzungen, aus
den Ursprungsnamen fusionierter Agenturen zusammen-
gesetzt oder ein Kunstbegriff, der bei einem Relaunch kre-
iert wurde.

Die Zeiten werden härter für die GROSSE WERBEAGEN-
TUR. Die ständig wachsende Zahl der Medien macht es viel
schwieriger *Reichweite* zu erzielen als zu Zeiten, als es noch
genügte, einen TV-Spot vor den Abendnachrichten zu sen-
den, um ganz Deutschland zu erreichen. Dazu kommt neue
Konkurrenz durch Unternehmen wie PR- oder INTERNET-
AGENTUREN, die sich an der Jagd auf lukrative Großkun-
den beteiligen. Das Leistungsspektrum wird deshalb durch
neue Bereiche wie *Publishing*, *Service Design* oder sogar Spie-
leentwicklung erweitert, um auch unter den veränderten
Marktbedingungen weiter groß bleiben zu können.

Ihre Wichtigkeit demonstriert die GROSSE WERBE-
AGENTUR schon beim Standort: Großstadt, gerne in einer
(frisch renovierten) Gründerzeitvilla mit hohen Decken
und Dielenboden. Aber auch andere geschichtsträchtige
Gebäude wie alte Speicher oder Kasernen sind beliebt. Die
Büroräume sind mit Designmöbeln gleichermaßen funkti-
onal wie repräsentativ eingerichtet. Gerne werden für die
bis zu 250 Mitarbeiter neue Bürokonzepte wie „Open Space"

oder „Clean Desk" eingesetzt. Die Wände sind mit unzähligen Auszeichnungen und Arbeitsbeispielen geschmückt.

Die GROSSE WERBEAGENTUR zeichnet sich durch eine klare Hierarchie und ein Faible für hochtrabende englische Positionsbeschreibungen aus: *Trainee, Junior Art Director, Art Director, Creative Director* bis zum *Chief Executive Creative Officer*. Gerade in den unteren Hierarchiestufen arbeiten hier vor allem junge Menschen. Die Atmosphäre scheint nach außen zwar locker und lässig, im Inneren herrscht jedoch ein scharfer Wettbewerb um die wenigen Aufstiegspositionen. Daher werden Überstunden und Nachtschichten oft als selbstverständlich angesehen. Mit herkömmlichen Vorstellungen von einem geregelten Arbeitstag oder gar einer eigenen Familie lässt sich das kaum verbinden. Dazu kommen die meist ausgesprochen niedrigen Einstiegsgehälter. Wer es ab einem gewissen Alter nicht „nach oben" geschafft hat, sucht sich einen ruhigeren Job in der Provinz oder macht etwas völlig anderes.

Die „Kreativen", wie sie sich gerne selber bezeichnen, ernähren sich vom Sushi-Bringdienst und den Softdrink-Prototypen der letzten Produkteinführung. Ausgleich zum harten Alltag bieten Preisverleihungen mit opulenten Feiern. Exotische Reiseziele sind dabei zwar leider selten geworden, und auch die Videoproduktionen finden nur noch selten wirklich an Karibikstränden statt. Aber man darf ja wohl mal träumen ... zum Beispiel von Kunden, die sich etwas trauen oder einen „einfach mal machen lassen".

Zuverlässig gute Ideen

Effektive Werbung basiert auf Ideen. Um gute Ideen verlässlich zu entwickeln benutzt die GROSSE WERBEAGENTUR professionelle Kreativtechniken, vom altbekannten Brainstorming bis zu ausgefalleneren Methoden wie den „Denkhüten". Entscheidend für den erfolgreichen Einsatz einer Kreativtechnik sind das Wissen über die zur Aufgabenstellung passende Technik, der routinierte Umgang damit und das disziplinierte Einhalten der vorgesehenen Rollen der einzelnen Gruppenmitglieder.

Das passende Team

Gute Ideen reichen nicht mehr aus, um in der hochkomplexen Welt der Medien und Marken erfolgreich zu kommunizieren. Der GROSSEN WERBEAGENTUR ermöglicht ihre Größe eine stärkere Spezialisierung der einzelnen Mitarbeiter. Je nach Aufgabenstellung kann sie aus verschiedenen Qualifikationen und unterschiedlichen Charakteren das passende Team zusammenstellen.

Kampagnenfähigkeit

Effektive Werbekampagnen brauchen – neben der guten Idee – passgenaues Timing und optimalen Medieneinsatz. Die GROSSE WERBEAGENTUR verfügt über Erfahrung bei der Umsetzung (inter-)nationaler Kampagnen und dem effektivsten Einsatz von *Etats*. Sie weiß, welche Medien relevant sind, welches Potential sie bieten und wie man sie am Besten miteinander verknüpft, um die Wirkung zu optimieren.

Größe erfordert Aufwand

Die vielen hochqualifizierten Mitarbeiter der Agentur müssen natürlich entsprechend entlohnt werden. Dazu erfordern Verwaltung, Repräsentation und Marketing einen hohen Aufwand. Insbesondere die Teilnahme an den vielen Wettbewerben – für die meist eigene Teams eingesetzt werden – muss durch „normale" Kunden wie Sie mitbezahlt werden.

Gute Verkäufer – auch in eigener Sache

Die GROSSE WERBEAGENTUR versteht es, zu verkaufen – auch sich selbst und ihre Ideen. Lassen Sie sich nicht zu sehr von ausgefeilten Präsentationen und bunten Bildern beeindrucken – auch nicht von der an strategischer Stelle zum Einsatz kommenden langbeinigen *Kontakterin*. Hinterfragen Sie Prämissen und Annahmen sowie die Argumentation, die zu einem Kampagnenansatz führen. Wenn Sie unsicher sind, lassen Sie die Wirksamkeit evaluieren.

Living Clichees

Vieles von dem, was an Vorurteilen über Werber in Umlauf ist, stimmt leider – besonders bei denen der GROSSEN WERBEAGENTUR. Manches braucht Sie als Auftraggeber nicht wirklich zu interessieren, so lange die Ergebnisse stimmen. Anderes, wie die Vorliebe für *Buzz-Words* und „Marketing Denglisch", ist aber zumindest sehr lästig. Wenn Sie gelernt haben, zwischen den Zeilen zu lesen und die „Sprachgirlanden" zu ignorieren, können Sie mit Werbern jedoch prima zurechtkommen.

Die große Werbeagentur

Erfahrung und Kontakte

Viele der GROSSEN WERBEAGENTUREN sind Teil von Netzwerken und internationalen Konzernen. Da die Branche in dieser Liga recht überschaubar ist, bestehen darüber hinaus oft noch zahlreiche weitere persönliche Verbindungen. Dadurch verfügt die GROSSE WERBEAGENTUR über ausgezeichnete Kontakte und profitiert vom Erfahrungsaustausch über Ländergrenzen hinweg.

Ideen für mehr als Werbung

Die professionelle Ideenentwicklung der GROSSEN WERBEAGENTUR muss sich nicht nur auf Kommunikationsmaßnahmen beschränken. Auch bei Problemen Ihres Unternehmens, die sich in der fixen Struktur und von innen heraus nur schwer lösen lassen, können die kreativen Impulse von außen nützlich sein.

Kontrollierbare Wirkung

„Bei Werbung sind fünfzig Prozent immer rausgeworfenes Geld. Leider weiß man nie, welche Hälfte das ist." – Da ist viel Wahres an dem Spruch von Henry Ford. Deshalb kann die GROSSE WERBEAGENTUR Ihre Kampagne durch Marktforschung begleiten und überprüfen lassen. Die Wirkung kann zum Beispiel durch Vorher-/Nachher-Vergleiche oder Testmärkte kontrolliert werden. Dennoch sollten Sie Vorsicht walten lassen: Völlig exakt messen und berechnen lässt sich die Wirkung – insbesondere die Imagewirkung – letztlich nicht.

Die große Werbeagentur

Schwierige Auswahl

Die richtige Agentur zu finden ist nicht leicht. Da macht ein Auswahlprozess, bei dem mehrere Agenturen gegeneinander antreten, durchaus Sinn. Ohne faire Bedingungen werden Sie jedoch nur Standardpräsentationen und viele schnell gemachte bunte Bildchen zu sehen bekommen. Verbände wie der BDG bieten Richtlinien an, die Ihnen dabei helfen, einen solchen *Pitch* fair und transparent zu gestalten.

Hohe Fluktuation

Werbung ist eine dynamische Branche. Um es als Angestellter zu etwas zu bringen, muss man häufig die Agentur wechseln. Viele Agenturen arbeiten immer mehr mit Freelancern, die nur projektweise hinzugezogen werden. Das hält die Fixkosten niedrig. Für Sie als Auftraggeber kann das bedeuten, dass es schwer werden kann, über den Zeitraum einer Kampagne hinaus auf bereits Geleistetem aufzubauen. Sie müssen sich auf häufig wechselnde Ansprechpartner einstellen und werden Dinge immer wieder neu erzählen müssen.

B- oder C-Kunde

Mit einem – aus Sicht der GROSSEN WERBEAGENTUR – wenig attraktiven Produkt oder einem kleinen *Etat* sind Sie schnell nur B- oder C-Kunde. Wägen Sie ab, ob Sie wirklich die besonderen Fähigkeiten der GROSSEN WERBEAGENTUR brauchen oder ob Sie als A-Kunde bei einem kleineren Dienstleister nicht besser betreut werden.

———

Die CI-Beratung

Die CI-Beratung

Die CI- oder auch MARKENBERATUNG ist meist deutlich größer als das DESIGNBÜRO und ähnlich strukturiert wie die GROSSE WERBEAGENTUR. Sie hat sich auf die Schaffung und Weiterentwicklung von Marken für große Unternehmen und Institutionen spezialisiert. Sie verfolgt dabei einen ganzheitlichen Ansatz. Leitgedanke ist die Idee einer *Corporate Identity* – des „Wesens" eines Unternehmens – das sich in den drei Bereichen *Corporate Design* (Erscheinungsbild, visuelles Auftreten), *Corporate Communications* (Unternehmenskommunikation, Botschaften und Inhalte) und *Corporate Behaviour* (Verhalten) ausdrückt. Zusammen prägen diese drei Bereiche die Vorstellung von einem Unternehmen, das *Corporate Image*. Dieses Modell findet auch bei Produkten und Dienstleistungen Anwendung. In diesem Fall wird von *Branding*, *Brand Identity* und *Brand Image* gesprochen.

Für die CI-BERATUNG steht deshalb eher die Entwicklung von Inhalten und Botschaften als die gestalterische Umsetzung im Mittelpunkt. In der Rolle des Beraters analysiert sie mit dem Blick von außen komplizierte Märkte und kniffelige Situationen und richtet dann die gesamte Unternehmensstrategie neu aus. Dabei setzt sie auf „Design Thinking"-Methoden und Flipcharts, auf denen sie mit wenigen Strichen komplizierte Sachverhalte in anschauliche Diagramme zerlegt. Sie mag es, mit ihren Auftraggebern auf Augenhöhe zu sprechen und sich dabei als kompetenter Sparringspartner zu positionieren. Reine Umsetzungsarbeiten und anspruchslose Routineaufgaben übernimmt sie mit geringerer Begeisterung und sieht sie eher als notwendiges Übel zum Geldverdienen denn als kreative Herausforderung an.

Die mühsam erabeitete Unternehmensidentität wird für den Auftraggeber in umfangreichen Regelwerken fixiert und als dickes *CD-Manual* oder Website ausgeliefert. Damit ist der Prozess jedoch noch nicht am Ende. Denn die Implementierung der neuen Richtlinien allein garantiert noch keine neue Identität. Diese erfordert vielmehr laufende Beobachtung und Steuerung, um langfristig Erfolge zu erzielen.

Bei der Standortwahl spielen für die CI-BERATUNG „Weichfaktoren" eine entscheidende Rolle. Eine „gute" Adresse und repräsentative, helle Räume sind Pflicht. Die Einrichtung ist jedoch eher konservativ. Mit Designklassikern und Regalen voller Bücher signalisiert die CI-BERATUNG ihren inhaltlichen Anspruch. Manchmal wirkt sie daher fast wie eine Anwaltskanzlei. Ebenso wie diese bezeichnet sie ihre Auftraggeber gerne als Mandanten oder Klienten und nicht als Kunden. Denn sie sieht sich nicht als jemand, bei dem Auftraggeber „Produkte von der Stange" kaufen können, sondern als Wegbegleiter.

Auch das persönliche Auftreten spiegelt dieses Selbstverständnis wider. Kostüm und dunkler Anzug oder zumindest Hemd und Sakko sind selbstverständlich. Statt Krawatte wird jedoch gerne ein modischer Schal übergeworfen. Denn irgendwie will man sich ja doch von den Wirtschaftsprüfern und Steuerberatern unterscheiden, die man mittags beim Stammitaliener trifft. Die Ernährung beschränkt sich ansonsten meist auf koffeinhaltige Heißgetränke aus dem Vollautomaten und die vom letzten Klientengespräch übriggebliebenen Konferenzkekse.

Die CI-Beratung

Systematisches Vorgehen

Die CI-BERATUNG nutzt Methoden aus der Psychologie und den Kommunikations- und Wirtschaftswissenschaften zur Lösung komplexer Aufgaben. Umfangreiche und professionelle Recherchen und Analysen im Vorfeld sind hier selbstverständlich. Darüber hinaus übernimmt die CI-BERATUNG teilweise auch juristische Dienstleistungen wie zum Beispiel die Recherche, den Schutz und das Eintragen von Marken.

Auf Unternehmenspolitik eingestellt

Die CI-BERATUNG kennt die Strukturen großer Unternehmen – und die daraus resultierenden Schwierigkeiten bei Veränderungsprozessen. Sie weiß, dass nicht immer die beste Lösung sich durchsetzt, sondern Gremien oft politisch entscheiden. Daher besitzt sie wie ihre Auftraggeber verschiedene Hierarchiestufen, die helfen, Vorschläge und Entscheidungen durch die oft schwerfälligen Gremien und Ausschüsse zu bringen.

Offene Gestaltung

Der inhaltliche Fokus erlaubt der CI-BERATUNG eine größere Bandbreite von gestalterischen Stilmitteln einzusetzen. Sie definiert sich weniger durch einen bestimmten Stil als durch analytische Qualitäten. Daher kann sie unterschiedliche Kreative gleichberechtigt an der Lösung einer Aufgabe beteiligen, um verschiedene Gestaltungsansätze entwickeln zu lassen.

Die CI-Beratung

Von oben herab

Der ganzheitliche – und oft vehement formulierte – Anspruch von *Corporate Identity* ist nicht ohne Widerspruch. Hauptkritikpunkte sind der absolutistische Ansatz einer zentral gesteuerten Identität, der den dynamischen Prozessen im 21. Jahrhundert nicht mehr angemessen sei, sowie die Verengung von Handlungsspielräumen durch das starre Identitätskonzept. Dies gilt nicht nur für das Rollenverständnis bei der CI-BERATUNG, sondern vor allem auch für das beauftragende Unternehmen.

Schubladendenken

So hilfreich der systematische Ansatz bei der Durchdringung komplexer Sachverhalte sein mag, trägt er auf gestalterischer Seite oft zu einem schablonenhaften Denken in festgefahrenen Kategorien bei. Spätere Anwendungsfälle lassen sich eben nur eingeschränkt am Reißbrett haarklein vorab definieren. Aus diesem Grund erweisen sich viele der dicken *CD-Manuals* als praxisfern und verstauben ungenutzt im Regal.

Größe hat ihren Preis

Die Komplexität der CI-BERATUNG erfordert einen erheblichen Verwaltungsaufwand. Um hochqualifizierte Mitarbeiter zu gewinnen und zu halten, muss sie – vor allem für die oberen Hierarchiestufen – gute Gehälter zahlen. Auch Investitionen in Wettbewerbsteilnahmen (die hier professionell gemanagt werden) gehören mit zum Preis für das hohe Renommee.

Die CI-Beratung

Ganzheitlicher Prozess öffnet Freiräume

Die CI-BERATUNG denkt ganzheitlich und wird sämtliche Unternehmensbereiche in ihre Überlegungen einbeziehen. Sie wird auf Unstimmigkeiten zwischen verschiedenen Abteilungszielen stoßen und Inkonsequenzen bei Vertrieb und Sortiment aufdecken. Sie können im Verlauf eines solchen Prozesses frische Ansätze für Ihren Außendienst oder neue Produktideen gewinnen – wenn Sie bereit sind, sich darauf einzulassen.

Strukturierung als Chance

Die CI-BERATUNG sorgt durch die Definition von klaren Regeln und zentralen Aussagen und Botschaften für Orientierung, nicht nur in der Unternehmenskommunikation. Diese Arbeit kann weit über das Erscheinungsbild und Literatursysteme hinausgehen. Nutzen Sie das Potential des klaren analytischen Blicks von außen um auch andere Bereiche wie Produktsortimente und Namenssysteme durchleuchten zu lassen.

Beauftragung als Signal

Bereits die Beauftragung einer CI-BERATUNG kann ein wichtiges Signal an Ihre Kunden, Mitbewerber, Mitarbeiter und Eigentümer sein. Als Auftraggeber zeigen Sie, dass Gestaltung und Markenaufbau jetzt eine wichtige Rolle in Ihrem Unternehmen spielen.

Langwierige Verfahren

Identitäts- und Markenaufbau sind langfristige – im Prinzip unendliche – Prozesse. Darauf muss sich ein Unternehmen einlassen wollen und benötigt dafür die volle Unterstützung der Geschäftsführung. Die Entwicklungen müssen fortlaufend beobachtet und die darauf basierenden Annahmen und Entscheidungen kontinuierlich hinterfragt werden. Das bedeutet hohe Kosten und Ergebnisse, die sich nicht unmittelbar, sondern unter Umständen erst nach Jahren zeigen.

Viele Köche

Eine Marke entsteht durch die Arbeit vieler Beteiligter auf unterschiedlichen Ebenen, alle mit eigenen Interessen. Neben der CI-BERATUNG und den verschiedenen Abteilungen im Unternehmen kommen in der Regel noch weitere Dienstleister hinzu, wie zum Beispiel Messebauer oder WERBE-, PR- und INTERNET-AGENTUREN. Entscheidend für den Erfolg ist die reibungslose Kommunikation. Planen Sie deshalb ausreichend Zeit und Budget für Kommunikation ein und sorgen Sie für klare Spielregeln und Verantwortlichkeiten.

Sandkastenspiel

Ohne eine gute Abstimmung aller Beteiligten (s. o.) werden Identitätsprozesse schnell zu abstrakten Diskussionen. Sorgen Sie dafür, dass die Diskussionen nicht abgehoben im luftleeren Raum stattfinden, sondern immer durch einen konkreten Realitätsbezug geerdet werden.

———

Die PR-Agentur

Die Presse- und Öffentlichkeitsarbeit stellt einen wichtigen Teil der Unternehmenskommunikation dar. Mit der zunehmenden Dynamik des Wirtschaftslebens und den technischen Umbrüchen in der Kommunikationsbranche ist es heute allein mit klassischer Pressearbeit jedoch nicht mehr getan. Die PR-AGENTUR bietet daher oft auch Designdienstleistungen an, wie die Konzeption und Gestaltung von Erscheinungsbildern, Kampagnen oder Internetauftritten. Es gibt die PR-AGENTUR in verschiedenen Größen, vom Ein-Mann-Büro bis zum Konzern mit mehreren 100 Angestellten.

Einige PR-AGENTUREN haben für sich *Social Media* und *SEO* als neue Betätigungsfelder entdeckt. Denn neben technischen Aspekten geht es hierbei in erster Linie um Texte. Es sind oft junge Unternehmen, die sich – begeistert von den Möglichkeiten und dem leicht belegbaren Erfolg im Internet – vor allem auf diese Themen konzentrieren. Eine große Rolle spielt dabei die Generierung von attraktiven Inhalten („Content"). Attraktiv bedeutet in diesem Zusammenhang vor allem: wird angeklickt. Dabei schneiden nicht immer die anspruchsvollsten oder interessantesten Inhalte am Besten ab. Besonders häufig werden lustige Videos angeklickt. Deshalb gehört die Bewegtbildproduktion inzwischen ebenfalls zum Leistungsportfolio einiger PR-AGENTUREN.

Die anspruchsvollere PR-AGENTUR beschäftigt sich gerne mit dem Thema „Reputation Management", der Beeinflussung des öffentlichen Meinungsbildes für Unternehmen, Parteien, Interessengruppen oder „Personen öffentlichen Interesses". Hier ist man schnell beim „Spin-Doctor": der grauen Eminenz, die verborgen im Hintergrund die Strippen zieht.

In jedem Fall sind für erfolgreiche PR-Arbeit neben dem Schreiben-Können sowohl ein Gespür für „angesagte Themen" sowie hervorragende Kontakte entscheidend. Daher stehen das „pressegängige" Formulieren von Inhalten und ein guter Draht zu möglichst vielen Medien bei der PR-AGENTUR im Mittelpunkt.

Die „PRler" haben meist einen journalistischen oder kommunikationswissenschaftlichen Hintergrund. Daneben finden sich aber ebenso Quereinsteiger aus anderen Bereichen wie Geschichte, Philosophie oder Linguistik. Der Auftritt der PR-AGENTUR ist dementsprechend ebenfalls recht „akademisch": Das Logo ist eine schlichte Wortmarke, die Website klassisch schwarz-auf-weiß und – selbstverständlich – sehr textlastig. Bei der Kleidung legt man hier weniger Wert auf top-aktuellen „Style" als die ganzen Werber und Designer und trägt Hemd und Sakko gerne in unauffälligen Erdtönen. Mancher „echte" Journalist blickt zwar etwas abfällig auf die „bezahlten" Kollegen der PR-AGENTUR herab, denn sie entsprechen nicht seinem hehren Ideal von der Unabhängigkeit der Presse. Der Zeit- und Kostendruck in den Redaktionen ist jedoch oft so hoch, dass der Journalist die professionell aufbereitete Pressemeldung dankbar 1:1 übernimmt. Besonders bei Fachtiteln ist die gegenseitige Abhängigkeit groß. Denn trotz des Gebots der Trennung von redaktionellen Inhalten und Anzeigen sind gerade hier die Grenzen zwischen der Berichterstattung über Produkte und der Werbung fließend.

Die PR-Agentur

Textsicher

Die PR-AGENTUR kennt sich mit schönen Worten bestens aus. Sie weiß, mit welchen Inhalten und „Fakten, Fakten, Fakten" sie Ihr Unternehmen und Ihre Produkte in die Medien und ins Gespräch bringen kann. Denn Redakteure und Medien haben ganz eigene Kriterien, nach denen sie den „Nachrichtenwert" einer Presseinformation bemessen und entscheiden, ob sie daraus einen Beitrag machen oder nicht.

Kontaktstark

Die Medienlandschaft ist unübersichtlich und extrem vielfältig. Für jede noch so kleine Branche gibt es unzählige Fachmagazine, Zeitschriften, Blogs und Foren. Daraus die richtigen Medien auszuwählen und Kontakte zu ihnen aufzubauen ist keine Tätigkeit, die mal eben „so nebenbei" gemacht werden kann. Und Kontakte sind entscheidend, wenn Themen „platziert" werden sollen – besonders wenn es bei Krisen und Problemen plötzlich sehr schnell gehen muss.

Events

Pressekonferenzen, Messen, Hauptversammlungen – Veranstaltungen gehören zum täglichen Brot der PR-AGENTUR. Sie hat die Abläufe im Blick, kennt die typischen Probleme und sorgt dafür, dass es hinterher auch genügend „sendefähiges" Material gibt. Und sie weiß, dass es nicht reicht, nur die entscheidenden Personen fürs Foto nebeneinander zu stellen, um positive Resonanz zu erzeugen.

Die PR-Agentur

Konzepte nach Schema F
Die Konzentration auf Inhalte und ihre mediengerechte
Formulierung kann zu einer stark schematisierten Vorgehensweise führen. Diese kann zwar helfen, komplexe Sachverhalte verständlich aufzubereiten, blockiert aber unter
Umständen ungewöhnliche Lösungswege. Vor allem dann,
wenn die Fokussierung wie eine „Schere im Kopf" funktioniert und immer darauf bedacht ist, möglichen Bedenken
bereits im Vorfeld aus dem Weg zu gehen.

Text vor Bild
Die PR-AGENTUR hat ihren Schwerpunkt auf der sprach-
lichen Formulierung von Botschaften, nicht auf deren
visueller Ausarbeitung. Das kann dort, wo es auf schnelle
Erfassung und den Transport von Emotionen geht, zu
Schwierigkeiten führen, denn „Ein Bild sagt mehr als 1.000
Worte".

PR-Erfolge kaum planbar
Der Erfolg von PR-Maßnahmen hängt vom Wohlwollen
der Redaktionen ab. Selbst bei intensiver Vorbereitung und
unter Umständen hohen Investitionen ist PR-Arbeit schwer
plan- und steuerbar. Nicht jedes Thema ist „PR-tauglich".
Werbung für konkrete Produkte oder Dienstleistungen lässt
sich durch PR nur selten bewerkstelligen. Und allein durch
Pressemitteilungen lässt sich eine dauerhafte Präsenz in den
Medien schwer erreichen.

Die PR-Agentur

Außensicht durch Medienbeobachtung
In der Regel bietet die PR-AGENTUR eine Beobachtung der
für Sie relevanten Medien an. Sie erhalten dann in regelmäßigen Abständen eine Übersicht über alles, was über
Ihr Unternehmen und Ihre Produkte geschrieben wurde.
Durch die gezielte Medienbeobachtung lassen sich Rück-
schlüsse auf das Unternehmensimage und eventuell erfor-
derliche Reaktionen ableiten.

Strategische Beratung
Die PR-AGENTUR ist manchmal „näher" an Entscheidungs-
trägern und den langfristigen, strategischen Themen als
andere. Denn Öffentlichkeitsarbeit wird häufig auf Vor-
standsebene diskutiert. Durch die kontinuierliche Beobachtung des medialen Echos auf die Aktivitäten des Unternehmens hat die PR-AGENTUR zudem die Außenperspektive im
Blick. Daher bietet sich die PR-AGENTUR als Ansprechpartner an, wenn es um Veränderungen im Unternehmen geht.
Reputations- und Change-Management oder Restrukturie-
rungen gehören inzwischen zum Leistungsangebot so mancher PR-AGENTUR.

Integrierte Kommunikation
Ausgehend von den inhaltlichen Botschaften bietet sich die
Möglichkeit zur Fokussierung des gesamten Unternehmens
und zur integrierten Kommunikation, bei der Erscheinungsbild, werbliche Botschaften und Verhalten Ihres Unternehmens zu einem stimmigen Gesamtbild führen.

Die PR-Agentur

Zu nah dran
Der ständige Kontakt und die gegebenenfalls bereits lange bestehende Zusammenarbeit können zu Betriebsblindheit und der unkritischen Übernahme von Annahmen und Vermutungen führen. Ohne einen klaren Blick von außen ist jedoch die unvoreingenommene Bewertung des Firmen- oder Markenimages sehr schwer.

Zu starrer Fokus auf das mediale Echo
Der ständige Blick auf die Reaktionen in den Medien kann den Blick für andere Realitäten, zum Beispiel am *POS*, trüben. Sorgen Sie dafür, dass sich die PR-Berater auch mal vor Ort umsehen und versorgen Sie sie im Briefing mit allen relevanten Fakten.

Kopplung mit Anzeigen
Die Vielzahl von infragekommenden Titeln kann es sehr schwer machen, die wirklich relevanten auszuwählen. Denn Verlage leben vom Verkauf von Anzeigenplätzen und können daher stets mit beeindruckenden Zahlen zu Auflage und *Reichweite* aufwarten. Zwar müssen eigentlich redaktionelle Berichterstattung und Anzeigen strikt voneinander getrennt sein. Eigentlich. Manchmal lässt sich der Eindruck aber nicht vermeiden, dass Pressemitteilungen von Unternehmen, die viele Anzeigen schalten, mehr Resonanz erzeugen.

Die Internet-Agentur

Die Internet-Agentur

Mit dem Internet kam in den 90er Jahren ein neuer Typus Kommunikationsdienstleister auf: die INTERNET-AGENTUR. Heute gibt es die INTERNET-AGENTUR in einer Vielzahl unterschiedlicher Prägungen. Es gibt technisch orientierte und eher gestalterisch ausgerichtete Agenturen, Spezialisten für Online-Shops, Suchmaschinen-Marketing oder Online-Werbung, dazu Agenturen, die sich auf bestimmte Technologien oder auf bestimmte Plattformen und Geräte konzentrieren. Die Bandbreite ist riesig und es erfordert bereits einiges Fachwissen, hier den passenden Dienstleister auszuwählen. Die vielbeschworene „Digitale Kluft" zwischen Personen, die das Intenet „verstehen" und von der Nutzung deutlich profitieren und denjenigen, die sich kaum aktiv damit auseinandersetzen, existiert durchaus auch zwischen Unternehmen. Denn während manche noch immer etwas mit dem Medium Internet hadern und weiterhin vorrangig „analog" – in gedruckten Katalogen und Messen – arbeiten, denken bereits andere vollständig digital. Für die INTERNET-AGENTUR dreht sich die Diskussion nicht darum, ob das Internet überhaupt das Leitmedium sein könnte, sondern darum, ob aufgrund der explosionsartig anwachsenden Nutzung mobiler Endgeräte nicht zuallerst die mobile Nutzung bedacht werden muss, Stichwort *Mobile First*. Ebenso leidenschaftlich wird über die Bedeutung von „Content" (so werden hier Texte und Bilder genannt) und der „richtigen" Programmierung für die Platzierung von Websites bei Suchmaschinen oder das „perfekte" *Content-Management-System* diskutiert.

Die starke technische Orientierung der INTERNET-AGENTUR führt dazu, dass sich hier Menschen versammeln, die auf Außenstehende manchmal merkwürdig wirken.

Die Internet-Agentur

Offensichtlich als Ausgleich zur kalten Welt der Bits und Bytes sind auffällig viele Programmierer Fantasy-Fans. Sie sammeln merkwürdig aussehende Plastikfiguren und pflegen obskure Hobbies, wie zum Beispiel aus Fantasyromanen entlehnte Sportarten. Nichtsdestotrotz sind die meisten überaus freundliche Zeitgenossen, die eben nur etwas seltener zum Frisör gehen und eine Vorliebe für seltsame T-Shirts pflegen. Eingerichtet ist die INTERNET-AGENTUR meist sehr emotionslos. Wenn man weiß, dass laufend neue „Gadgets" hinzukommen und alle zwei Jahre eine völlig neue Generation Hardware, lohnt es sich nicht, die Verkabelung nach ästhetischen Gesichtspunkten vorzunehmen. Bei zwei bis drei Bildschirmen pro Arbeitsplatz ist auf dem Schreibtisch sowieso kein Platz mehr für „Clean Desk". Obligatorisch sind dagegen für jede ernstzunehmende INTERNET-AGENTUR ein Profi-Kickertisch und die Mikrowelle. Das eine, um für die nötige motorische Abwechslung zu sorgen, das andere, um auch dann noch Nahrung zubereiten zu können, wenn der letzte Pizzadienst geschlossen hat.

Die Abwicklung und Abrechnung von Projekten erfolgt bei der INTERNET-AGENTUR oft nach Modellen, die aus der Software-Entwicklung entlehnt sind, und bei denen der Aufwand durch „Tickets" sehr genau erfasst und abgerechnet werden kann. Neben der aufwandsbezogenen Abrechnung gibt es auch Leasing-Modelle (*„SaaS" – Software as a Service*), die bei der rasanten technischen Weiterentwicklung und dem hohen Pflegeaufwand durchaus sinnvoll sein können.

Digitales Denken

Selbst für *Digital Natives* ist die Veränderungsgeschwindigkeit im Netz eine Herausforderung. Technologien, die noch vor wenigen Jahren als „state-of-the-art" galten, sind heute oft veraltet. Dienste, die gestern noch wichtig waren, sind schon so gut wie vergessen. Die INTERNET-AGENTUR lebt und denkt ständig „online". Sie verfolgt die aktuellen Trends und Entwicklungen. Denn ansonsten kann es sehr schwer werden, sich zurechtzufinden und erfolgreiche Online-Kommunikation zu betreiben.

Mehr als 2D

Das Web zwingt dazu, bei der Gestaltung die Faktoren „Zeit" und „Benutzer" immer mit zu bedenken. Dies kann bei der Vermittlung komplexer Botschaften ein großer Vorteil und echter Mehrwert gegenüber gedruckten Medien sein. Nutzen Sie die Stärken von on- und offline-Medien durch sinnvolle Verknüpfung der jeweiligen Stärken.

Agile Prozesse

Websites sind immer ein Prozess und nie wirklich fertig. Die INTERNET-AGENTUR hat von daher Methoden entwickelt, um diesem Zustand permanenter Entwicklung gerecht zu werden. Inzwischen haben auch andere Kommunikationsdienstleister entdeckt, dass die hier entwickelten Projektmanagement-Methoden in anderen Bereichen ebenfalls sinnvoll sein können. Stichworte hierzu sind „Agiles Projektmanagement" oder „Scrum" (engl. „Gedränge").

Die Internet-Agentur

Online ist nicht alles

Online-Medien werden unbestreitbar immer wichtiger. Es gibt kaum eine Branche, in der das Internet nicht zumindest als Erstinformationsmedium eine wichtige Bedeutung erlangt hat. Dennoch ist nicht die ganze Welt immer online. Manchmal vergisst die INTERNET-AGENTUR, dass es auch eine „Offline"-Welt gibt, die für manche Menschen immer noch ziemlich wichtig ist, und nicht jeder alles online bestellt und erledigt.

Eigenwillige Terminologie

Wundern Sie sich nicht, wenn Sie bei Besprechungen kaum ein Wort verstehen. Programmierer lieben Abkürzungen und pflegen einen eigenen Slang. Die meisten „Progger" (bzw. „Entwickler") freuen sich, wenn sie Ihnen als „DaU" (Dümmster anzunehmender User) Dinge wie „UX", „Wire-Frame", „MySQL-Dump" und ähnliches erklären können. Dass sie dabei wieder unzählige neue Fachwörter verwenden ist keine böse Absicht, sondern liegt einfach daran, dass Progger und Nicht-Progger eben in ziemlich unterschiedlichen Welten leben. Fragen Sie einfach jedes Mal nach, wenn Sie etwas nicht verstehen.

Eigene Ästhetik

Getrieben durch technische Entwicklungen entstehen im Web ständig neue Gestaltungstrends, die sich teilweise so schnell ausbreiten, dass sie bereits ein halbes Jahr später „durch" sind und veraltet wirken.

Die Internet-Agentur

Strukturierung

Die Website bildet in der Regel das gesamte Produkt- oder Dienstleistungsspektrum eines Unternehmens ab. Die für die Navigation erforderlichen klaren Strukturen können helfen, Unstimmigkeiten und „Wildwuchs" im Sortiment oder bei der Benennung und Beschreibung von Produkten zu erkennen und zu beseitigen. Voraussetzung dafür ist ein enger Dialog der betroffenen Abteilungen auf Unternehmensseite untereinander und mit der INTERNET-AGENTUR.

Digitale Lösungen

Die INTERNET-AGENTUR kann ein Katalysator für die Unternehmensentwicklung sein. Vorausgesetzt, Sie beziehen Ihr gesamtes Unternehmen in diesen Prozess ein. Aus der Beschäftigung mit den Unternehmensprozessen und ihrer Abbildung im Internet können neue Angebote für Ihre Kunden entstehen, bis hin zu völlig neuen Tätigkeitsfeldern durch digitale Produkte.

Dialog statt Top-down

Das Internet bietet die Chance zur Echtzeit-Kommunikation mit Ihren Kunden. Kritik, Anregungen oder Beschwerden können zur Verbesserung oder zu neuen Ideen führen, neue Vertriebsmöglichkeiten aufzeigen oder Ihnen helfen, frühzeitig Marktveränderungen zu erkennen. Dazu müssen Sie jedoch mehr tun, als ein E-Mail-Formular unter „Kontakt" anzubieten. Die INTERNET-AGENTUR weiß, wie Sie den Dialog mit Ihren Kunden gestalten können.

RISIKEN

Niemals wirklich fertig

Online gibt es keine Druckabgabe. Daher besteht die Gefahr, bereits mit halbfertigen Lösungen online gehen zu wollen und wichtige Inhalte erst „später" nachzuliefern. Wenn die Website jedoch erst einmal online ist, gerät das Nachbessern in Vergessenheit. Behandeln Sie Online-Projekte genau so wie Drucksachen, also mit klaren Terminen und Abläufen. Planen Sie feste Deadlines und akzeptieren Sie keine „halbgaren" Texte oder „vorläufigen" Informationen – vor allem nicht aus dem eigenen Haus.

Das „dicke Ende"

Zu Beginn von Internetprojekten werden Sie oft hören „Kein Problem!" Je weiter das Projekt fortschreitet, umso öfter werden Sie damit konfrontiert, dass – aus Ihrer Sicht vermeintlich kleine – Änderungswünsche große Folgen haben. „Da müssen wir ein neues *Template* machen" lautet dann die Begründung für saftige Mehrkosten. Vermeiden Sie Missverständnisse durch umfangreiche Briefings, Tests und frühzeitiges Mitdenken Ihres gesamten Unternehmens.

Falsche Fokussierung

Gerne legt Ihnen die INTERNET-AGENTUR exakte Zahlenkolonnen und Statistiken zur Auswertung Ihrer Online-Maßnahmen vor. Doch diese können leicht den Blick vom „eigentlich" Wichtigen ablenken. Denn was nützt es, ein super *Ranking* bei Suchmaschinen oder jede Menge neuer *Back-Links* zu haben, wenn Ihre Produkte nicht gekauft werden?

———

Das Medienhaus

Die Veränderungen in der Medienlandschaft haben dazu geführt, dass sich viele Unternehmen neue Tätigkeitsfelder suchen müssen. Dazu gehören Verlage und Druckereien, für die die Weiterentwicklung zum MEDIENHAUS eine beliebte Möglichkeit ist. Der Typus des MEDIENHAUSES wurde in früheren Zeiten auch als „Lohnsatzbetrieb" bezeichnet. Dessen Aufgabe bestand im reinen Setzen und der Produktionsvorbereitung von Druckmedien. Das MEDIENHAUS bietet diese Dienstleistung heute in einem viel umfassenderem Maßstab an. Den Schwerpunkt seines Angebots stellen umfangreiche Publishing-Projekte wie Magazine, Kataloge oder Bücher dar. Der Fokus liegt dabei noch immer auf der Umsetzung, vor allem auf der Satzarbeit und Bildbearbeitung. Dazu kommen jedoch meist noch ergänzende Dienstleistungen wie Versand und Logistik oder die redaktionelle Erstellung der Inhalte. Datenbank-Dienste wie Adressmanagement, Kundenkarteien oder Services wie Callcenter und Lettershop können das Leistungsangebot darüber hinaus abrunden.

Wie auch andere Kommunikationsdienstleister bietet das MEDIENHAUS zunehmend ebenfalls die gesamte Bandbreite der Unternehmenskommunikation an – von der Konzepterstellung bis zur kontinuierlichen Betreuung. Da das MEDIENHAUS aber vorwiegend auf die Umsetzung fokussiert und weniger auf Innovation oder Ästhetik, steht es in der Wahrnehmung von Kommunikationsdesignern und Auftraggebern oft etwas im Schatten der GROSSEN WERBEAGENTUR oder der CI-BERATUNG. Das MEDIENHAUS darf nicht mit der Media-Agentur verwechselt werden. Diese ist für den Einkauf von Werbemedien zuständig und arbeitet als Dienstleister für WERBEAGENTUREN.

Dem MEDIENHAUS merkt man seine „industrielle" Herkunft und Vorgehensweise bereits am Standort an. Sie finden es sowohl in modernen Gewerbegebieten wie in ehemaligen Fabrikgebäuden. Entscheidend ist die verkehrsgünstige Lage und der Platz, damit die LKWs auf dem Hof rangieren können, sowie große Räume. Denn die Anzahl der Mitarbeiterinnen und Mitarbeiter kann recht groß sein. 50 bis 200 Mitarbeiter sind keine Seltenheit. Damit die Abstimmungswege kurz sind, ist hier – wie bei vielen Agenturen – das Großraumbüro die bevorzugte Büroform. Zwischen Yuccapalme und Gummibaum arbeiten hier überwiegend Mediengestalter und Gestaltungstechnische Assistenten, weniger studierte Designer. Daher gibt es wenig Allüren, was sich auch bei der Einrichtung zeigt. Anstelle von preisgekrönten Designmöbeln gibt es ergonomisch optimale Drehstühle. Die sind zwar etwas unförmiger, aber schließlich soll man ja darauf sitzen und sie nicht nur ansehen. Und – anders als bei den meisten anderen Kommunikationsdesignern – findet man hier statt hipper Laptops mit Obst überwiegend ganz normale PCs auf den Tischen. Für die Bildbearbeitung – am täglich frisch kalibrierten Monitor – gibt es einen eigenen Raum mit Normlicht und -kleidung.

Das MEDIENHAUS verlässt sich auf Routine und Erfahrung. Es lässt sich weder vom ständigen Zeitdruck noch von nervösen Anrufen seiner Kunden oder von Agenturen aus der Fassung bringen. Denn es weiß: In der Ruhe liegt die Kraft.

Das Medienhaus

Umsetzungsstark in Serie

Das MEDIENHAUS ist sehr effizient in der Umsetzung. Es gibt klar definierte Abläufe und Standards, zum Beispiel für die Datenverarbeitung und Auftragsabwicklung. Dadurch ist das MEDIENHAUS sehr schnell und zuverlässig, auch bei großen und umfangreichen Projekten.

Professioneller Umgang mit Inhalten

Das MEDIENHAUS organisiert *Assets*, also Bilder, Grafiken, Logos, Illustrationen, Schriftarten und Textbausteine hochprofessionell. Ein *DAM-System (Digital-Asset-Management)* ermöglicht die strukturierte Handhabung und Verwaltung der Inhalte und sorgt für die sichere Beherrschung des *Color-Managements* der Bilddaten, die Berücksichtigung der Rechte und die schnelle Auffindbarkeit.

Mehr als nur Gestaltung

Das MEDIENHAUS bietet mehr als nur Gestaltung und Produktion: Neben ergänzenden Dienstleistungen wie Druck, Übersetzung, Lektorat, Lettershop und Logistik können Adressmanagement, das Lagern und der Versand der erstellten Medien oder die komplette redaktionelle Erstellung von Zeitschriften zum Leistungsspektrum gehören. Mit einem eigenen Callcenter kann das MEDIENHAUS sogar die komplette Abwicklung von Kundenanfragen, Gewinnspielen, Stellenausschreibungen oder Befragungen übernehmen.

Standardisierung

Feste Standards sind unabdingbar bei wiederkehrenden Abläufen und regelmäßigen Aufgaben. Aber sie haben auch Nachteile. Es ist relativ schwierig, vom vorgegebenen Weg abzuweichen und sehr aufwändig, neue Standards zu etablieren. Das MEDIENHAUS braucht also umfangreiche und langfristige Projekte, um seine Stärken voll ausspielen zu können.

Keine Designer

Die Kreativen des MEDIENHAUSES sind meist Mediengestalter oder Gestaltungstechnische Assistenten, die vor allem technisch und im Hinblick auf die möglichst effektive Umsetzung der Layouts ausgebildet werden. Konzeption und Strategie sind nur am Rande Bestandteil der Ausbildung und kommen in der Praxis des MEDIENHAUSES selten vor. Erwarten Sie hier nicht unbedingt tiefe inhaltliche Durchdringung und ambitionierte Gestaltungslösungen.

Auf Volumen ausgerichtet

Das MEDIENHAUS ist aufgrund seiner Größe und der komplexen Strukturen und Prozesse auf große Projekte ausgerichtet. Einen Flyer „auf die Hand", den werden Sie hier nicht bekommen. Es sei denn, sie sind bereits Kunde und brauchen jede Woche einen Flyer mit neuen Inhalten.

Zuverlässige Strukturen

Die sichere Beherrschung der Prozesse ist für das MEDIEN-HAUS essentiell, ein optimaler „Workflow" mit regelmäßigen Qualitätskontrollen daher selbstverständlich. Die klare Strukturierung und Organisation der *Assets* im MEDIEN-HAUS kann helfen, auch in Ihrem Unternehmen Standards zu setzen und Abläufe zu verbessern.

Automatisierung

Viele Arbeitsschritte beim Layout von Druckmedien oder bei Online-Projekten wie Webshops lassen sich automatisieren. *Database-Publishing*, zum Beispiel die Erzeugung eines Druckkatalogs „per Knopfdruck" direkt aus Ihrer Warenwirtschaft, ist seit langem ein Wunsch vieler Auftraggeber. Das MEDIENHAUS besitzt das entsprechende Knowhow dafür. Die Umsetzung setzt allerdings entsprechende Strukturen und Prozesse in Ihrem Unternehmen voraus.

Ergänzung zu anderen Kreativdienstleistern

Das MEDIENHAUS kann besonders im Zusammenspiel mit anderen kreativen Dienstleistern eine wichtige Rolle spielen. Es kann bei der Umsetzung unterstützen und besonders bei wiederkehrenden Aufgaben mit hohem Arbeitsvolumen, wie zum Beispiel Katalogen, Preislisten und Zeitschriften, schnell und kostengünstig arbeiten.

Disziplinierte Mitarbeit erforderlich
Die klar definierten Abläufe setzen entsprechend klare Strukturen und Prozesse auf Auftraggeberseite voraus. Gerade bei mittelständischen Unternehmen sind diese nicht selbstverständlich. „Halbgare" Texte, unzählige Korrekturläufe oder wiederholtes Austauschen von Bildern und verspätete Informationen bremsen auch das effizienteste MEDIENHAUS aus.

Abstimmungsschwierigkeiten
Das Zusammenspiel verschiedener kreativer Dienstleister kann für Probleme sorgen. Wenn die Aufgaben nicht klar verteilt sind, ist die Gefahr groß, dass sich die Dienstleister als Konkurrenten und nicht als Team begreifen. Damit Sie keine Hahnenkämpfe erleben müssen, sollten Sie als Auftraggeber von Anfang an für klare Verhältnisse sorgen.

Betriebsblindheit und fehlendes Engagement
Die relativ starren Prozeduren und langwierigen Projekte führen dazu, dass sich die Mitarbeiter oft sehr lang mit ein- und demselben Thema bzw. Kunden auseinandersetzen müssen. Und damit gleicht sich ihr Profil dem der Mitarbeiter in der INTERNEN GRAFIK an – mit allen Stärken und Schwächen (siehe dort).

Die interne Grafik

Die interne Grafik

Die Kosten für einen Grafikarbeitsplatz sind in den letzten 20 Jahren rapide gesunken. Heute braucht es dafür kaum mehr als einen Standard-PC und etwas Software. Daher lohnt es sich für Unternehmen mit regelmäßigem Bedarf an Gestaltung immer häufiger, selbst Mediengestalter oder Designer einzustellen anstatt externe Agenturen zu beauftragen. Die INTERNE GRAFIK übernimmt vor allem regelmäßig wiederkehrende Produktionsaufgaben wie die Gestaltung von Verpackungsvarianten, den Satz von Broschüren, Prospekten, Katalogen und Preislisten oder das Erstellen der Mitarbeiterzeitschrift und die Aktualisierung der Homepage und der Social-Media-Kanäle des Unternehmens.

Die Büros der „Deko-Abteilung" – wie die INTERNE GRAFIK hinter vorgehaltener Hand von den Kolleginnen und Kollegen aus der Produktion genannt wird – sind klassische Büroräume im Verwaltungstrakt. Früher saß hier die Buchhaltung, und ein Hauch davon durchweht noch immer die Flure. Die Schreibtische sind jetzt unter frisch produzierten Drucksachen, Produktionsmustern, Farbfächern und *Proofs* kaum mehr zu erkennen. Am Rand der großen Monitore bleibt neben zahlreichen Haftnotizen auch Persönliches im Blick: die Kinder, der Hund oder die Freunde beim letzten Schützenball.

Die Mitarbeiter in der INTERNEN GRAFIK sind meist Gestaltungstechnische Assistent(inn)en, kurz „GTAs", oder Mediengestalter und in der Regel normale Angestellte mit festen Arbeits- und Urlaubszeiten sowie regulären Gehältern. Es sind Menschen, die gelernt haben, ihr Ego nicht von Design-Preisen oder dem Lob Anderer abhängig zu machen. Ihnen ist der (mehr oder weniger) sichere Job mit festem Einkommen wichtiger als die kreative Selbstverwirklichung.

Die interne Grafik

Ebenso gibt es hier meist keine großen Diskussionen, ob sie denn nun „Grafiker", „Designer" oder „Werber" sind. Mittags trifft man die Kollegen und Kolleginnen aus den anderen Abteilungen in der Kantine. Leider teilen diese nur selten das Bedauern darüber, dass es heute schon wieder kein vegetarisches Gericht gibt. Trotzdem ist die INTERNE GRAFIK sehr beliebt, denn es könnte ja sein, dass man sie mal für die Gestaltung einer Hochzeits- oder Geburtstagseinladung braucht. Und es kann sich auszahlen, die Fotos vom Betriebsfest sehen zu dürfen, bevor die Mitarbeiterzeitung erscheint.

Dennoch fühlt sich die INTERNE GRAFIK oft unverstanden. Denn nur mit „Schönmachen" haben ihre Aufgaben nur selten etwas zu tun. Im Alltag ist vieles äußerst kniffelige Detailarbeit: Wie bekomme ich das vorgegebene Verpackungsdesign zusammen mit den gesetzlich vorgeschriebenen Warnhinweisen in fünf Sprachen auf ein Etikett von Briefmarkengröße? Für ihre Arbeit erntet die INTERNE GRAFIK selten große Anerkennung oder gar Lob. Schlimmer noch, für die relevanten Designaufgaben wie zum Beispiel die Neugestaltung des Firmenlogos werden von der Geschäftleitung externe Agenturen oder Büros hinzugezogen. Die dürfen sich im Anzug wichtig machen und „große Konzepte" präsentieren. Da die INTERNE GRAFIK jedoch weiß, dass Agenturen kommen und gehen, während sie bleibt, beschwert sie sich nur leise und kooperiert klaglos beim Umsetzen der neuen Gestaltungslinie. Früher oder später ist ihre Erfahrung dann ja doch wieder gefragt.

Die interne Grafik

Voll im Thema

Die INTERNE GRAFIK ist darin geübt, innerhalb der vorgeschriebenen Gestaltungsrichtlinien überzeugende Detaillösungen zu finden. Sie kennt sich mit den Produkten und Abläufen des Unternehmens bestens aus. Sie weiß, welche CE-Zeichen, EAN-Codes und Hinweise auf die Verpackung gehören oder welche Eigenheiten beim Satz von fremdsprachigen Bedienungsanleitungen zu beachten sind.

Routiniert und schnell

Die INTERNE GRAFIK ist produktionssicher und kennt sich auch mit exotischen Druckverfahren wie dem Flexodruck aus, sofern diese im Betrieb regelmäßig eingesetzt werden. Die Organisation der *Assets* erfolgt hochprofessionell – anders als bei manchem Kreativen, bei dem gelegentlich tatsächlich das sprichwörtliche „kreative Chaos" auf der Festplatte herrscht. Die INTERNE GRAFIK kennt die Produkte, die betriebsinternen Abläufe und die Befindlichkeiten der Akteure. Dadurch kann in vielen Fällen ein langwieriges Briefing und Einarbeiten in die Materie entfallen. Sie erhalten schnell durchdachte und funktionierende Ergebnisse.

Feste Kostenstruktur

Anders als die meisten Dienstleister sind die Kosten der INTERNEN GRAFIK Fixkosten, unabhängig vom Aufwand und Umfang der Leistungen. Das macht sie für manche, insbesondere regelmäßig wiederkehrende Aufgaben, deutlich günstiger als externe Auftragnehmer.

Die interne Grafik

Betriebsblindheit
Die tägliche Beschäftigung mit ein- und demselben Thema kann mit der Zeit betriebsblind machen. Der – unter Umständen eher mittelmäßige – visuelle Standard einer Branche wird als Maßstab angesehen. Der eigene Anspruch sinkt auf das Niveau des „Das reicht schon so". Neue Ideen werden mit einem „Haben wir immer schon gemacht / Macht keiner anders" blockiert. Damit eine solche Haltung gar nicht erst entsteht, sorgen Sie dafür, dass regelmäßig „über den Tellerrand hinaus" geschaut wird und auch ungewöhnliche Lösungen ernsthaft in Erwägung gezogen werden.

Mangelnder Weitblick
Der Fokus auf die Umsetzung prädestiniert die INTERNE GRAFIK nicht unbedingt für einen besonders weiten Horizont. Durchbrechen Sie die Routine durch abwechslungsreiche Aufgaben und sorgen Sie für Inspiration und neue Ideen, zum Beispiel durch die Teilnahme an Designkonferenzen oder Workshops.

Fehlende Qualifikation und Motivation
Häufige Überstunden und chronische Unterbezahlung erlauben es kaum, sich regelmäßig fortzubilden und auf dem neuesten Stand bei Gestaltungstrends zu bleiben. Da sich im Alltag ebenfalls kaum Möglichkeiten ergeben, diese umzusetzen und auszuprobieren, kann sich Frustration anstauen. Mit einem Kreativ-Workshop können Sie für frischen Wind und neue Ideen sorgen.

Vertraulichkeit

Mit externen Dienstleistern zusammenzuarbeiten kann auch bedeuten, sensible Informationen herausgeben zu müssen, zum Beispiel Details zu geplanten Produktneuheiten oder vertrauliche Geschäftszahlen. Bei der Bearbeitung durch eine INTERNE GRAFIK können Sie die Sicherheit sensibler Informationen besser gewährleisten als bei externen Dienstleistern.

Bessere Dienstleistersteuerung

Die INTERNE GRAFIK weiß meistens sehr genau, „wo der Schuh drückt". Sie hat den Überblick über den ganzen „Kleinkram", der von externen Designern gern nicht gesehen wird. Sie weiß, welche Besonderheiten und Vorgaben berücksichtigt werden müssen. Spätere Umsetzungsprobleme lassen sich oft vermeiden, wenn Sie die INTERNE GRAFIK frühzeitig in Projekte einbinden.

Augenmerk auf Besonderheiten

Die Vertrautheit der INTERNEN GRAFIK mit dem Unternehmen, den Produkten und der Branche kann für externe Designer und Agenturen wertvolle Einblicke bieten, die sie sonst nur durch extrem aufwändige Recherche gewinnen könnten. Jedoch gelingt der Informationsaustausch nur, wenn die Rollen zwischen Internen und Externen sinnvoll verteilt und klar kommuniziert sind. Ansonsten droht eine die Produktivität und Kreativität einschränkende Konkurrenzsituation.

Die interne Grafik

Geringe Attraktivität für Kreative
So erstrebenswert eine feste Anstellung für die meisten
Menschen ist, so wenig anziehend ist für Kreative die Vorstellung, dauerhaft irgendwo in der Provinz arbeiten zu
müssen. Daher kann es schwer werden, die richtigen Köpfe
zu finden. Gerade für Kreative ist Geld nicht alles. Sorgen
Sie für ein attraktives Arbeitsumfeld mit Weiterbildungs-
und Abwechslungsmöglichkeiten.

Eigeninteresse vor Firmeninteresse
Der Status als Festangestellte kann in der Zusammenarbeit
mit externen Dienstleistern dazu führen, dass die INTERNE
GRAFIK möglichst viel Arbeit (und Verantwortung) „nach
draußen" abwälzt. Man bekommt sein Gehalt ja unabhängig
davon, wieviel man leistet. Der gewünschte Informationsaustausch und die erhofften Einsparungen bleiben dabei auf
der Strecke. Sorgen Sie für eine saubere Aufgabenvertei-
lung und klare Verantwortlichkeiten.

Stillstand
Die Werkzeuge und Methoden des Kommunikationsde-
signs entwickeln sich kontinuierlich weiter. Um auf dem
Laufenden zu bleiben, bedarf es ständiger Weiterbildung.
Auch die Hard- und Software muss regelmäßig aktualisiert
werden. Neben den Kosten für das Gehalt und den Arbeitsplatz sollten Sie also ein gewisses Budget für Schulungen
und Weiterentwicklungen einplanen.

———

Die Crowd-Sourcing-Plattform

Die Crowd-Sourcing-Plattform

Internetplattformen, auf denen Auftraggeber Designprojekte zur Bearbeitung anbieten können, sind eine recht neue Entwicklung. Diese sogenannte CROWD-SOURCING-PLATTFORM existiert in unterschiedlichen Ausprägungen. Es gibt auf der einen Seite Anbieter, die für eine Mindestqualifikation der Mitglieder stehen, die Auftraggeber beraten, Projekte filtern und aktiv begleiten. Auf der anderen Seite stehen Plattformen, die sich nur auf die Vermittlerrolle und das Bereitstellen der technischen Plattform beschränken. Der Begriff „Crowd-Sourcing" ist eine Wortschöpfung, die sich aus „Crowd" (Menge) und „Outsourcing" (Auslagerung von Arbeit aus einem Unternehmen) zusammensetzt. Er wird sowohl für das Generieren von möglichst vielen verschiedenen Ideen oder visuellen Anmutungen durch eine große Anzahl Beteiligter wie auch für die Vermittlung von Spezialisten verwendet.

Auf der CROWD-SOURCING-PLATTFORM wird in der Regel in Englisch kommuniziert. Daher kommen die Kreativen, die hier ihre Dienstleistungen anbieten, aus der ganzen Welt. Insbesondere für Menschen aus Ländern und Regionen, in denen es nur wenige Auftraggeber gibt, ist Crowd-Sourcing eine attraktive Möglichkeit, an Projekte zu gelangen. Anderen bietet es eine willkommene Abwechslung zum Berufsalltag. Sie schätzen den Austausch in der Community und sehen es als sportliche Herausforderung, sich im Wettbewerb mit Kreativen aus aller Welt vergleichen zu können. Crowd-Sourcing bietet die Möglichkeit, für internationale Auftraggeber tätig zu sein und mit guten Ideen auf sich aufmerksam zu machen. Viele Designer stehen der Idee des Crowd-Sourcing jedoch skeptisch gegenüber. Die oft nur vage Aussicht auf gerechte Entlohnung macht das

Modell nicht besonders attraktiv – vor allem für Profis mit ausreichend vielen Auftraggebern.

Da der gesamte Kommunikationsprozess im Internet stattfindet, fehlt der direkte Kontakt von Mensch zu Mensch. Als Auftraggeber können Sie hier meist nur über E-Mail oder Chats kommunizieren. Von Ihrem Gegenüber bekommen Sie in der Regel nur den „Avatar" zu sehen. Und der muss keine große Übereinstimmung mit der Realität haben. Mit wem Sie es wirklich zu tun haben, bleibt oft im Dunkeln. Für die Bezahlung gilt bei der CROWD-SOURCING-PLATTFORM oft das Prinzip „The Winner takes it all": Nur der Siegerentwurf wird bezahlt. Das hört sich zunächst verlockend an, bedeutet aber, dass alle anderen leer ausgehen. Die Chancen, dass ein Entwurf bezahlt wird, stehen also schon rein statistisch gesehen eher schlecht. Die CROWD-SOURCING-PLATTFORM lässt sich ihre Dienstleistung natürlich ebenfalls bezahlen. Dabei kassiert sie ihre Gebühren teilweise auf beiden Seiten, also sowohl beim Auftragnehmer wie auch beim Auftraggeber.

Darüber hinaus haben dubiose Anbieter, die mit markigen Sprüchen „100 verschiedene Logos für 99 Euro" versprechen, für ein zwiespältiges Image des Designeinkaufs per Internet gesorgt. Denn auf diesen Plattformen tummeln sich vor allem Amateure, was für Auftraggeber jedoch kaum zu erkennen ist. Dies hat den Durchbruch von Crowd-Sourcing bisher verhindert. Inzwischen gibt es jedoch durchaus interessante Ansätze, die sich einem fairen Ausgleich der Interessen verschrieben haben.

Die Crowd-Sourcing-Plattform

Ideenvielfalt

Sie können hier völlig verschiedene Entwurfsansätze zu sehen bekommen. Viel mehr, als es selbst in großen Agenturen oder Büros möglich wäre, da diese letztlich doch immer durch einen gewissen „Haus-Stil" geprägt sind. Vor allem Aufgabenstellungen, bei denen es primär auf eine große Menge an Ideen und weniger auf die Qualität der Analyse und der Strategie ankommt, können für die Abwicklung über die CROWD-SOURCING-PLATTFORM geeignet sein.

Professionelle Abwicklung

Natürlich können Sie Ausschreibung und Wettbewerbe selbst organisieren. Eine CROWD-SOURCING-PLATT-FORM mit gutem Ruf erreicht Kreative jedoch viel besser – und das weltweit. Darüber hinaus bietet sie eine „saubere" Durchführung. Die CROWD-SOURCING-PLATTFORM hält bewährte Prozesse für die Abwicklung und Durchführung bereit. Mehrstufige Auswahlverfahren, zum Beispiel durch die Benutzer selbst oder eine Experten-Jury, sortieren die Ergebnisse für Sie vor.

Viel für wenig

Die für Projekte angesetzten Summen liegen meist bei einem Bruchteil der marktüblichen Preise, und in der Regel bekommen Sie dafür auch noch eine sehr große Anzahl von Entwürfen. Sie müssen jedoch beachten, dass Sie selbst deutlich mehr eigenes Know-how und einen höheren Aufwand benötigen, wenn Sie brauchbare Ergebnisse erzielen wollen.

Masse ist nicht Klasse
Crowd-Sourcing hat sich für Designer bisher nicht als Erwerbsform etabliert. Verständlich bei den meist sehr niedrig angesetzten Gewinnbeteiligungen. Daher tummeln sich hier oft „Nebenerwerbs-Gestalter", Schüler, Studierende oder Leute, die solche Projekte als reine Fingerübung betrachten. Dementsprechend mäßig kann die konzeptionelle und gestalterische Qualität sein. Vieles beschränkt sich auf *Eye-Candy* und modische Effekte. Bei einer sehr großen Anzahl von Ideen werden „naheliegende" mehrfach und in vielen Varianten vorkommen, während wirklich gute und neue Ideen in der Masse untergehen können.

Sie müssen entscheiden
Die Qual der (Aus-)Wahl bleibt dem Auftraggeber überlassen. Da oft nur das Endergebnis ohne Begründung und Herleitung gezeigt wird, kann eine fundierte Entscheidung schwer fallen. Denn um zwischen Entwürfen entscheiden zu können, braucht es mehr als nur „Gefällt mir halt am Besten". Sie sollten sich genau überlegen, ob Sie die Auswahl selbst treffen können und wollen.

Wenig Kommunikation
Die Kommunikation zwischen Auftraggeber und Auftragnehmern ist in der Regel stark eingeschränkt (nur online, kurzes Briefing, keine Rückfragen). Der sonst übliche Dialog entfällt. Daher müssen Sie die Aufgabenstellung sehr klar und eindeutig formulieren, um sinnvolle Ergebnisse geliefert zu bekommen.

Vielseitigkeit

Anders als Designbüros und Agenturen, die mehr oder weniger stark durch einen „Hausstil" und gemeinsame ästhetische Grundhaltungen geprägt werden, kommen bei Crowd-Sourcing-Projekten ganz unterschiedliche Personen mit verschiedenen Betrachtungsweisen und Ansätzen zusammen. Eine hohe Anzahl Beteiligter sorgt automatisch für eine größere Bandbreite an Stilen und Ideen.

Internationale Perspektiven

Da der Standort keine Rolle spielt, können Sie weltweit Menschen mit unterschiedlichem Alter, Ausbildungsstand und verschiedenen kulturellen Hintergründen erreichen. Diese breite internationale Streuung kann neben „naheliegenden" und modischen Lösungen auch völlig neue und ungewöhnliche Perspektiven aufzeigen, denn Gestaltung ist stark kulturell geprägt. So stehen zum Beispiel Farben in Europa und Asien für ganz unterschiedliche Stimmungen und Emotionen.

Wettbewerbe als PR-Maßnahme

Die Auslobung eines – fair ausgestalteten – Wettbewerbs kann bereits durch Berichte über die Ausschreibung und die Ergebnisse gewisse Aufmerksamkeit erzielen. Insbesondere, wenn die angesprochene Zielgruppe design- und netzaffin ist. Jedoch ist inzwischen die Öffentlichkeit für Fairness sensibilisiert und Wettbewerbe, deren Teilnahmebedingungen als unfair wahrgenommen werden, entfalten schnell die gegenteilige Wirkung.

Geringe Motivation

Die Motivation hängt eng mit der Chance auf einen Sieg zusammen. Ein paar Entwürfe mehr abzugeben verspricht für den Designer – schon aus statistischen Gründen – bessere Chancen auf einen „Sieg", als alles auf eine Karte zu setzen. Berücksichtigen Sie bei der Ausgestaltung eines Wettbewerbs die Komplexität des Themas. Je schwieriger und anspruchsvoller, desto höher sollten die Erfolgsaussichten sein – sei es durch höhere und breiter verteilte Preisgelder oder eine Einschränkung der Teilnehmerzahl.

Zu wenig Recherche

In der Regel werden die Entwerfer nicht viel Zeit in Recherche oder Marktanalyse investieren. Sie sollten im Briefing daher sämtliche relavanten Informationen zu Ihrer Branche, dem Markt und Ihrer Zielgruppe zusammentragen. Denn Ähnlichkeiten und unbeabsichtigte Nebenwirkungen müssen vom Auftraggeber – also von Ihnen – beurteilt werden.

Rechtliche Risiken

Urheber- und Nutzungsrechte sind ein diffiziles Thema. In welcher Art und welchem Umfang dürfen Sie das Ergebnis nutzen? Dürfen Sie es verändern oder weiterentwickeln? Da die CROWD-SOURCING-PLATTFORM in der Regal international ausgerichtet ist, muss unter Umständen auch internationales Recht beachtet werden. Zum Beispiel ist in angelsächsischen Ländern das Urheberrecht völlig anders geregelt.

Die eierlegende Wollmilchsau

Die eierlegende Wollmilchsau

Böse Zungen behaupten, dass es sich bei der EIERLEGENDEN WOLLMILCHSAU lediglich um eine – wenn auch weitverbreitete – Legende handeln soll. Der Sage nach lebt die EIERLEGENDE WOLLMILCHSAU genügsam und anspruchslos sowohl als Einzelgänger wie als Rudeltier. Näheres ist bisher kaum erforscht, zu selten und vage sind die Sichtungen. Als gesichert gilt lediglich, dass sie die Gesellschaft der – übrigens nicht verwandten – Wollmäuse meidet. Dennoch ist die Vorstellung weit verbreitet, bei der Beauftragung von Designern ein Exemplar dieser Spezies vor sich zu haben. Da kaum bekannt ist, wie die EIERLEGENDE WOLLMILCHSAU eigentlich genau aussieht, und alle Beschreibungen nur auf Hörensagen beruhen, wird an dieser Stelle versucht, die Bestimmung durch das Verhalten vorzunehmen.

Aus den Erzählungen über angebliche Zusammenarbeiten lässt sich inzwischen eine recht genaue Beschreibung der Handlungsweisen der EIERLEGENDEN WOLLMILCHSAU geben. Eines der typischen Erkennungszeichen ist die Fähigkeit zur „Quadratur des Kreises". Souverän meistert die EIERLEGENDE WOLLMILCHSAU den Spagat zwischen inhaltlicher Komplexität, ästhetischer Qualität, engen Terminplänen und noch engeren Kostenrahmen. Neben der perfekten gestalterischen Umsetzung kann sie Texten, Korrekturlesen und nebenbei auch noch dafür sorgen, dass jedes Foto einfach gut aussieht. Sie beschwert sich nicht, wenn Sie ihr das Firmenlogo als Textdatei geben oder ihr sagen, sie soll es sich von der Website herunterladen. Natürlich fängt die EIERLEGENDE WOLLMILCHSAU schon mal mit dem Layout an, auch wenn Text und Bilder noch nicht final sind. Bis morgen ist trotzdem alles fertig. Und selbstverständlich sieht bei ihr alles hinterher im Druck genauso aus, wie sie es Ihnen am Bildschirm gezeigt hat. Die üblichen Ausreden, wie „Das sind unterschiedliche Farbräume" oder „Das geht im Druck so nicht", kommen der EIERLEGENDEN WOLLMILCHSAU gar nicht erst über die Lippen.

Darüber hinaus soll die EIERLEGENDE WOLLMILCHSAU telepathische Fähigkeiten besitzen. Andere mögen Probleme damit haben, sich gedanklich aus der eigenen kleinen Welt zu befreien und sich in Ihre Zielgruppe hineinzuversetzen, aber nicht die EIERLEGENDE WOLLMILCHSAU. Sie versucht nicht, Ihnen Ihr Geschäft zu erklären, sondern setzt um, was Sie von ihr verlangen. Sie brauchen keine Zeit zu verschwenden, ihr langwierig Ihre Produkte und Ihre Branche zu erklären. Sie kennt sie in- und auswendig und weiß immer, wie Ihre Kunden perfekt anzusprechen sind. Und auch in Ihre Gedanken kann sie sich leicht hineinversetzen – Sie können nicht beschreiben, was Sie wollen, aber wissen es, wenn Sie es sehen? Oder Sie haben auf dem Heimweg nach der Präsentation das Gefühl, dass das neue Logo in einer anderen Farbe und Schrift schöner sein könnte – kein Problem, die EIERLEGENDE WOLLMILCHSAU hat es schon umgesetzt. Und es sieht natürlich *großartig* aus – schließlich war es ja auch *Ihre* Idee.

Der Lebensraum der EIERLEGENDEN WOLLMILCHSAU ist an Ihrer Seite – immer da, um jeden Wunsch von Ihren Lippen abzulesen. Im Mittelpunkt steht für die EIERLEGENDE WOLLMILCHSAU nur eines: Sie! Ihnen Ihre Wünsche zu erfüllen und Sie glücklich zu machen ist das oberste Ziel und der Lebensinhalt der EIERLEGENDEN WOLLMILCHSAU.

Die eierlegende Wollmilchsau

Kann alles, macht alles

Die EIERLEGENDE WOLLMILCHSAU kann alles: Website, Broschüre, Erscheinungsbild oder Anzeigenkampagne – kein Problem. Dabei ist die EIERLEGENDE WOLLMILCHSAU auch noch extrem schnell und effizient, denn Fehler macht sie keine.

Änderungen? Kein Problem!

Wünsche setzt die EIERLEGENDE WOLLMILCHSAU sofort und ohne Murren um. Geschmäcklerische Kommentare („Das hätte mein sechsjähriger Neffe mit seinem Computer genau so gut gekonnt.") oder Einwände von externen Experten wie Ihrer Frau oder dem Hausmeister („Grau mag ich nicht ...") nimmt sie begeistert auf.

Weiterdenken

Sie haben schon mal angefangen? Aber wissen nicht, wie Sie Ihr Urlaubsfoto in der Präsentationssoftware noch etwas größer machen können? Die EIERLEGENDE WOLL-MILCHSAU freut sich, Ihnen sofort helfen zu können und Ihnen eine perfekte Datei zurückzuschicken, damit Sie darin weiterarbeiten können.

„Mal eben schnell"-Service

Sie brauchen mal eben schnell etwas, das Sie im Vorstand zeigen können? Ein Logo? – Sind ja nur ein paar Buchstaben. So ist es ... und hier sind Ihre Entwürfe. Und da der Aufwand nicht der Rede wert war, bekommen Sie auch keine Rechnung.

Die eierlegende Wollmilchsau

SCHWÄCHEN

Schwächen!?

Die eierlegende Wollmilchsau

CHANCEN

Neue Kooperationen

Sie haben einen Neffen, der gut mit dem Computer umgehen kann? Ihre Frau hat ein Auge fürs Fotografieren? Ihr Onkel versteht etwas von Kunst? Die EIERLEGENDE WOLLMILCHSAU arbeitet gern mit neuen Talenten zusammen. Und ja, natürlich kann Ihr Enkel auch ohne Computer-Grundkenntnisse sein zweiwöchiges Schülerpraktikum hier machen.

Perfektes Zusammenspiel

Ihre INTERNET-AGENTUR hat mehr für die Website berechnet als geplant? Der Druck mit ein bisschen Glitzer-Glitzer war dreimal teurer als die Standardbroschüre? Kein Problem, die EIERLEGENDE WOLLMILCHSAU gibt Ihnen mit Freude Rabatt, denn sie weiß, Sie sind ein treuer Kunde, und schließlich arbeitet sie ja vor allem aus Spaß an der Kreativität.

Ganz neue Möglichkeiten

Sie sollten sich überlegen, was Sie mit dem ganzen Geld, das Sie in Zukunft verdienen, und der vielen Zeit, die Sie einsparen, machen. Ein Urlaub auf den Malediven? Sportwagen-Sammeln? Ein Instrument lernen und Virtuose werden? Oder den Weg der Selbsterkenntnis wählen und mit Meditation und Yoga beginnen?

Die eierlegende Wollmilchsau

Alles nur ein Traum

Sie sind der Meinung, Sie haben die EIERLEGENDE WOLL-MILCHSAU wirklich gefunden? – Kneifen Sie sich kurz in den Arm. Das Risiko ist hoch, dass Sie nur träumen ...

———

Glossar

Above-the-Line (ATL)
Herkömmliche Werbeformen wie Anzeigen, Flyer, Kataloge, Plakate, Radio-, Fernseh- oder Kinospots, oft auch als „Klassik" bezeichnet. Im Gegensatz dazu werden die „nichtklassischen" Maßnahmen als *Below-the-Line* bezeichnet (siehe dort).

AE-Provision
Von *Annoncen-Expedition*. Bezeichnet die Provisionszahlung von Sendern und Verlagen an WERBEAGENTUREN für die Vermittlung und Lieferung fertig gestalteter Anzeigen.

Assets
In der Kommunikationsbranche übliche Bezeichnung für Medieninhalte wie Logos, Signets, Bilder, Illustrationen, Videos oder Textbausteine.

Back-Links
Als *Back-Links* werden im Internet Links bezeichnet, die von anderen Websites auf Ihre Website verweisen. Je öfter Ihre Website durch andere verlinkt wird, desto höher wird sie durch Suchmaschinen bewertet (siehe *SEO*).

Below-the-Line (BTL)
Neben den „klassischen" Werbeformen wie Anzeigen und Spots – im Werber-Slang *Above-the-Line* oder kurz ATL genannt – spielen *Below-the-Line*-Maßnahmen (BTL) eine immer größere Rolle. Dazu gehören Maßnahmen, welche die Zielgruppe direkt ansprechen, dabei aber nicht unbedingt sofort als Werbung erkennbar sind: einerseits direkte Ansprachen durch Werbeanschreiben, Gewinnspiele oder

Verkaufsförderungen (*Promotions*) und andererseits eher allgemeine Maßnahmen zur Imagepflege oder Bekanntheitssteigerung wie Sponsoring und Öffentlichkeitsarbeit. Hier entwickeln sich laufend neue Formen: *Viral Marketing, Buzz Marketing, Ambient Media, Product Placement, Mobile Marketing, Guerilla Marketing* und so weiter. WERBEAGENTUREN sind diesen neuen Werbeformen gegenüber meist sehr aufgeschlossen, da sich Neues gut verkaufen lässt. Die Begriffsherkunft ist unklar. Es gibt zum Einen die Herleitung von der Wasserlinie eines Schiffs, bei der die BTL-Maßnahmen unterhalb der Linie, also „unsichtbar" bleiben und nicht direkt vom Konsumenten als Werbung wahrgenommen werden. Die zweite Erklärung lautet, dass klassischerweise zunächst die *Above-the-Line*-Maßnahmen geplant werden. Das verbleibende Budget (das, was „unter dem Strich" übrigbleibt) kann dann für BTL verteilt werden.

Billings
Die Gesamtsumme der Rechnungen, die dem Auftraggeber einer WERBEAGENTUR berechnet werden. Dazu gehören auch Media-Rechnungen für Anzeigenschaltungen und Sendezeiten.

Briefing
Branchenüblicher Begriff für die Auftragsbeschreibung. Das Briefing erfolgt entweder bei Auftragserstellung schriftlich oder wird gemeinsam mit dem Auftraggeber in einem Briefinggespräch und im Anschluss durch ein Re-Briefing durch die Agentur schriftlich fixiert.

Buzz-Words
So werden „heiße" Begriffe und Themen im Marketing genannt. Wird oft etwas despektierlich eingesetzt, um auszudrücken, dass sich hinter dem Begriff nicht viel Substanz verbirgt. Der übertrieben euphorische Einsatz von *Buzz-Words* wird daher auch als „Bull-shit-Bingo" bezeichnet.

CD-Manual
Im *Corporate-Design-Manual* werden die Gestaltungsvorgaben für ein Unternehmen beschrieben, damit alle mit der Kommunikation befassten Abteilungen und Dienstleister einheitlich gestaltete und damit wiedererkennbare Medien erstellen können. Das kann von der Definition des Logos, einer Hausfarbe und den zu verwendenden Schriften bis hin zu Details der Architektur und der Gestaltung von Verkaufsräumen gehen. Als Lose-Blatt-Sammlung im Ordner oder auch digital als Website oder PDF umgesetzt, kann der Umfang kann von einer einzigen Seite bis zu mehreren Regalmetern variieren.

Content-Management-System (CMS)
Software zur gemeinsamen Erstellung und Bearbeiten von Inhalten, meist von Internetseiten. Das CMS stellt den Bedienern bzw. Redakteuren Eingabemasken für Text und Bilder zur Verfügung und ermöglicht so die Bearbeitung ohne Programmierkenntnisse. Eine Rechteverwaltung stellt sicher, dass nur autorisierte Benutzer Texte eingeben und Elemente verändern dürfen.

Coworking-Space
Trendige Arbeitsform vor allem für junge Start-ups, Frei-

berufler und Kreative. Der Coworking-Space-Betreiber stellt eine gemeinschaftlich genutzte Bürofläche und Infrastruktur, die monats-, wochen- oder auch tageweise gemietet werden kann. Dazu gehören auch Geräte wie Drucker, Server oder Kaffeemaschine und Besprechungsräume. Durch gemeinsame Aktivitäten wie Vorträge und Seminare wird eine „Community" aufgebaut, die sich gegenseitig unterstützt. Coworking-Spaces sind inzwischen in vielen Städten entstanden.

Crossmedia
Moderne Kommunikationsstrategien müssen verschiedene Medien und Medienkanäle berücksichtigen. Neben TV, Radio, Kino, Zeitschriften und Zeitungen, spielen Online-Medien, *Out-of-Home*-Medien, Events, PR und Sponsoring eine wichtige Rolle. Die geschickte Verknüpfung der Medien miteinander um eine maximale Wirkung zu erreichen ist Ziel crossmedialer Kampagnen.

Database-Publishing
Erstellung von Medien wie zum Beispiel Katalogen oder Anschreiben direkt aus einer Datenbank heraus. Neben dem Vorteil, auf nur einen einzigen Datenbestand zurückzugreifen und so die Fehlerquote zu reduzieren, bietet Database-Publishing die Möglichkeit, schnell und kostengünstig individualisierte Inhaltszusammenstellungen zu erstellen.

Digital Natives
Als „Digitale Eingeborene" wird die Generation bezeichnet, die eine Zeit ohne Internet nicht mehr bewusst erlebt hat, also in den 80ern geboren wurde.

Etat

Budget für einen festen Zeitraum (meist ein Jahr), welches von der Werbeagentur eingesetzt werden kann. In der Regel beinhaltet es sowohl das Agenturhonorar für die Erstellung der Werbung sowie auch das Mediabudget für die Schaltung von Anzeigen oder Spots.

Eye-Candy

So bezeichnen Designer (etwas abfällig) Gestaltungselemente, die schön aussehen, aber keine inhaltliche Bedeutung oder visuelle Funktion haben. So gelten zum Beispiel 3D-Schrifteffekte meist als Eye-Candy.

Freelancer

Freier Mitarbeiter oder Freischaffender – arbeiten für ein Unternehmen, ohne dabei im Unternehmen angestellt zu sein. Freelancer erhalten ein vertraglich vereinbartes Entgelt von dem auch alle mit der beruflichen Tätigkeit zusammenhängenden Kosten (Krankenversicherung, Altersvorsorge usw.) getragen werden müssen. Sie sind oft hochspezialisierte Fachleute, zum Beispiel Programmierer, Illustratoren, Social-Media-Experten usw.

Give-away

Auch als Streuartikel bezeichnete kleine Geschenke mit Werbeaufdruck, die dafür sorgen sollen, das Unternehmen bei ihren Kunden in Erinnerung bleiben. Idealerweise besitzt ein Give-away daher einen gewissen Nutzwert. Klassiker sind Kugelschreiber, Feuerzeug, Tassen oder heutzutage gerne auch USB-Sticks.

Hype
Extrem kurzfristiger, aber sehr starker Trend. Oft durch
Medien befeuert, verbreitet sich der Hype rasend schnell,
um kurz darauf – wie ein Strohfeuer – in sich zusammenzu-
fallen.

Kontakter/-in
Positionsbezeichnung in WERBEAGENTUREN, teilweise
auch Berater genannt. Ist für den Kontakt zum Kunden
verantwortlich und nimmt unter anderem das *Briefing* des
Kunden auf und brieft dann das Kreativteam.

Künstlersozialkasse/KSK-Abgabepflicht
Die KSK (Künstlersozialkasse) wurde 1983 geschaffen, um
auch selbstständige Künstler, Publizisten und Designer in
den Schutz der gesetzlichen Sozialversicherung einzubezie-
hen. Dabei müssen die KSK-Mitglieder – ähnlich wie Angestellte – nur etwa die Hälfte der Beiträge selbst zahlen. Die
andere Hälfte wird durch einen Bundeszuschuss und eine
Abgabe der Unternehmen finanziert. Die Abgabe fällt für
alle Unternehmen an, die regelmäßig Künstler, Publizisten
oder Designer beauftragen. Entgegen vieler Gerüchte fällt
die Abgabe auch bei der Kapitalgesellschaften wie GmbHs
an. Dort muss sie von der Kapitalgesellschaft für die Gehälter entrichtet werden und wird dementsprechend bei der
Kalkulation mit eingerechnet. Die Abgabepflicht gilt ebenfalls, wenn der Gestalter kein Mitglied der Künstlersozialkasse sein sollte.

Weitere Informationen: *www.künstlersozialkasse.de*

Mobile First

Konzept im Web-Design, zuerst die mobile Nutzung unter Berücksichtung der eingeschränkten Möglichkeiten der Smartphones (geringe Bildschirmgröße, Steuerung ohne Tastatur) zu planen und zu gestalten, da es einfacher sei, diese dann auch auf „normale" Websites zu übertragen.

Nutzungsrechte

Für die Nutzung urheberrechtlich geschützter Werke müssen Nutzungsrechte erworben werden. Eine Übertragung des Urheberrechts ist nicht möglich. Die Höhe der Nutzungsgebühr hängt dabei von der Art und dem Umfang der geplanten Nutzung ab. Eine zeitlich unbegrenzte, weltweite Nutzung ist teurer als eine einmalige lokale Nutzung. Nutzungsrechte betreffen sowohl Elemente des Designs wie Fotos, Illustrationen und Schriftarten wie auch das gesamte Design als Solches. In der Praxis weisen Designer jedoch die Gebühr für die Einräumung der Nutzungsrechte oft nicht explizit aus, sondern haben sie in der Gesamtkalkulation berücksichtigt.

Out-of-Home-Media

auch: Outdoor-Media oder Außenwerbung genannt. Sammel-bezeichnung für Werbung im öffentlichen Raum wie Plakate, City-Lights (beleuchtete Plakate, z. B. an Bushaltestellen), Litfaßsäulen, Verkehrsmittelwerbung, ebenso Schaufenstergestaltung und Fassadenbeschriftung.

Pitch

Wettbewerb um einen Auftrag oder *Etat*. Ein Pitch läuft in etwa so ab: Sie haben eine Wohnung mit drei Zimmern. Sie bestellen drei Maler. Jeder der Maler streicht ein Zimmer. Am Ende haben Sie alle Zimmer gestrichen und der Maler, der am billigsten war, erhält den Zuschlag fürs Bad und die Küche. Die anderen Zimmer werden selbstverständlich nicht bezahlt ... übertrieben? Leider ist es oft traurige Wahrheit, dass Agenturen für einen Pitch kein Entgelt bekommen, obwohl viel konzeptionelle und gestalterische Arbeit geleistet wird. Kein Anwalt würde ein Testmandat übernehmen.

Peer-Group
Der Begriff aus der Sozialpädagogik bezeichnet eine Gruppe etwa gleichaltriger Menschen mit ähnlichen Interessen.

POS
Point-of-Sale: Ort, an dem der Verkauf stattfindet, zum Beispiel im Fachhandel oder Supermarkt. Viele Marketing- und Werbemaßnahmen zielen auf die unmittelbare Beeinflussung der Kunden am POS ab.

Proof
auch: Prüfdruck, Andruck. Dient zur Kontrolle des Druckergebnisses bevor die Gesamtauflage gedruckt wird. Man unterscheidet den Digitalproof, der farbverbindlich das finale Druckergebnis simuliert und insbesondere zur Beurteilung von Bildern genutzt wird, den Formproof, der nicht farbverbindlich ist, und zur Kontrolle des Stands (der richtigen Reihenfolge und Ausrichtung) der Druckbögen dient, und dem Andruck, der auf der Originalmaschine und Originalmaterial erfolgt.

Ranking
Rangliste – kann sich sowohl auf Listen wie „Die 100 allerbesten Werbeagenturen" wie auf die Position von Webseiten in den Suchergebnissen von Suchmaschinen beziehen.

Re-Briefing
siehe *Briefing*

Reichweite
Bezeichnet die Gesamtheit aller durch ein Medium erreichten Personen. Verlage geben typischerweise neben der verbreiteten Auflage ein sehr viel höhere Reichweite an. Dabei wird angenommen, das jedes Exemplar einer Publikation von mehreren Personen gelesen wird, z. B. der gesamten Familie oder im Wartezimmer.

SEO
Search Engine Optimization – Suchmaschinenoptimierung umfasst in der Regel ein ganzes Bündel von Maßnahmen, die dazu dienen, das *Ranking* in Suchmaschinen zu verbessern. Neben der technischen Optimierung der Website und der Verlinkung durch andere sind suchmaschinenoptimierte Texte ein Schwerpunkt.

Social Media
Meist web-basierte Medien, bei denen die Leser/Nutzer selbst Inhalte erstellen können. Dazu zählen vor allem die verschieden Netzwerkplattformen, Video- und Foto-Plattformen, aber auch Blogs. Der Kommunikationsprozess wandelt sich dabei von einem Monolog zum Dialog. Wird oft auch mit dem Schlagwort „Web 2.0" umschrieben.

Störer
Auffällige Layoutelemente bei Anzeigen, Broschüren oder Katalogen, die bestimmte Textelemente ins Blickfeld rücken sollen. Oft als farbige Flächen und leicht gedreht „über" das eigentliche Layout gelegt.

Template
Vorlage. Bei Websites, die mit einem *Content-Management-System* betrieben werden, steuert das Template die zur Verfügung stehenden Eingabefelder und damit die Gestaltungsmöglichkeiten von Artikeln.

Viral Marketing
Typische *Below-the-Line*-Maßnahme. Bezeichnet Medien – meist Videos – die, da sie nicht sofort als Werbung erkennbar sind, durch ihre lustige, provozierende oder sonstwie auffällige Machart begeistern und von Internetnutzern selbstständig verbreitet („geteilt") werden. Im Idealfall kann so ein *Hype* aufgebaut werden.

———